完美食光

张磊 著　马俨 摄影

U0333636

江苏凤凰科学技术出版社

图书在版编目（CIP）数据

完美食光 / 张磊著；马俨摄影. -- 南京：江苏凤
凰科学技术出版社, 2017.5
ISBN 978-7-5537-7803-7

Ⅰ.①完… Ⅱ.①张… ②马… Ⅲ.①家常菜肴–菜
谱 Ⅳ.①TS972.12

中国版本图书馆CIP数据核字(2017)第006213号

完美食光

著　　　者	张　磊	
摄　　　影	马　俨	
责 任 编 辑	倪　敏	
责 任 监 制	曹叶平　　方　晨	

出 版 发 行	凤凰出版传媒股份有限公司 江苏凤凰科学技术出版社
出版社地址	南京市湖南路1号A楼，邮编：210009
出版社网址	http://www.pspress.cn
经　　　销	凤凰出版传媒股份有限公司
印　　　刷	北京文昌阁彩色印刷有限责任公司

开　　　本	718mm×1000mm　1/16
印　　　张	14
字　　　数	235 000
版　　　次	2017年5月第1版
印　　　次	2017年5月第1次印刷

标 准 书 号	ISBN 978-7-5537-7803-7
定　　　价	49.80元

图书如有印装质量问题，可随时向我社出版科调换。

匆匆的二十四小时，更匆匆的一日三餐。

这是如今大多数人的真实生活写照。为了应付繁忙的工作，人们不得不投入大量的时间和精力，因而留给每一餐的时间越来越少，甚至有时干脆就省略了。早在两千多年以前，孔子就说过"饮食男女，人之大欲存焉"，可见饮食绝不是止于为生存而已。饮食的真谛，更关乎生活，关乎生命，这是一件非常值得我们思考的事情。

饮食，是生活中最需要细致的事情，我们一定不要去潦草行之。

在谈论一场"完美食光"对于我们究竟有何种重要意义之前，先说说美食给予了我们什么。如今，对于"治愈美食"的口号，想必大家早有耳闻。一道美食，或者精致，或者简单，起于唇齿舌尖、经喉头、达胃肠，这一路走来，食材本身填补了我们的辘辘饥肠，而其味道则是真真正正地让我们走了一回心，时有愉悦欢欣，时有忧郁悲伤，其中滋味几番，食者体会最深。无论如何，能留在心底的味道，总是在某个瞬间苏醒，提点着我们一二。

何为完美食光，个人理解，与"趣食"颇为贴合。不只是品美食，还要成美食，品美食有趣，成美食更是有趣。

不管你承认或不承认，人总是不安分的。天生的猎奇感从不会因为生活是平淡无奇还是起起落落而真正地偃旗息鼓。工作与生活，两者皆取狭义（在外工作和居家生活），彼此互不包含。工作或精彩激烈，或平淡无波澜，或潦倒狼狈，总之都请保留一份猎奇感放到生活中，并使其作为生活的调剂，而这一份猎奇可以先从下厨开始。

俗话说，厨房中无小事。下厨，绝不只是切菜、开火、炒菜以及关火这么简单。于个人而言，厨房比工作更需要多安放一份猎奇感，其可把玩的时间更长，空间更大。烹饪出一道美食，无论从食材的细致选购、调味的计较斟酌、改刀的恰当处理、烹饪火候的理解掌握，都是一种学问，若是行之草草，并粗暴地给出一个"简单"的结论，那是相当不明智的。

初下厨房，多有狼狈之处也是自然，若是因此而气馁和却步真的是大可不必。在生活中，从来没有谁天生就比别人高明，凡事皆逃不过"章法"二字，而"章法"则又多生于勤奋刻苦。一次次的练习，慢慢地由陌生到熟悉，由丝毫无头绪到胸中有丘壑，不觉中便已找到了烹饪的普遍法则，烹出的食物越来越有模样，越来越有味道。

有一句常说的话：人，行走在江湖上，只为混口饭吃。无论如何，再努力工作，终究还是要归于生活。生活中，有自己，有家人。如果你能亲手烹饪出一道道美食，来犒赏自己，来招待家人，而这一餐美食，既愉悦了家人，也肯定了自己。优哉游哉，这种得意的生活更近于生活本身。

为了您的"完美食光"，为了您的"得意"，我有美食小札一本，可供君参谋。

水煮牛肉

壹·辣字当道

百合炒南瓜

京酱肉丝

葱姜炒蟹

荷塘小炒

灼实有味

灼法，发端于追求鲜、爽、嫩、滑的粤菜，想必不会有人讶异。所谓灼法，是以煮滚的水或汤，烫熟食材，然后装盘随事先调好的味碟一起上桌。

灼法，又有"白灼"和"生灼"之分。所谓生灼，是指食材不经事先调味，灼后再调味上桌；而白灼则相反，在灼制之前，原料需先用各种调料腌渍。两者之间并没有本质的区别，一些生灼菜肴常被冠上白灼的名号，一般人们不会作严格地区分。

食之夭夭，灼灼其华。无论生灼，还是白灼，均是以最简单的方式，使食材由生转熟，灼制期间不调味，成菜无汁无芡，鲜嫩爽滑，以突出食材原本的味道为要旨，所以使用的调料非常简单。

以火候而论，灼有文灼和武灼之分。文灼，即将刚滚开的水始终保持中央见菊花心或虾眼水的状态，然后下入食材，多用于料理鱼虾等鲜物，这样可以更细致地勾勒出食材深层的鲜味儿。而武灼，顾名思义，即开大火以最快的速度将食物余熟，蔬菜类食材多用此法，可以最快地杀去青涩味，且能更完整地保持食材原有的形态

和味道。否则，火不够旺，水温达不到，食材会因加热的时间过长，而加大收缩，影响其形态和口感。

所以，灼法对于时间和火候的要求是相当精准的，灼之过轻、过短，则会夹生不熟；反之，灼之过狠、过长，则会过熟过老。无论如何，两者均会使食物的口感和味道大打折扣。

简单来说，食材有荤、素的区别，因此在烹灼时，可考虑在水或汤中适量添加一些作料。比如，在灼荤料时，可加葱、姜、料酒等，在去除食材的腥膻味的同时，还可以增加香味儿；而在灼青菜时，可加入少许食用碱面和油，从而使菜品色泽更加碧绿。

此外，针对一些特殊的食材原料（多为荤料食材），在灼前需要预先处理，否则会影响成品的口感、味道。比如，在处理鹅肠等质地老韧、异味稍重的食材时，因碱有腐蚀软化和去异味的作用，所以可先以适量碱水腌渍，如此食材变得松软，再经白灼后，其爽脆度大为增加，口感也极好；在处理猪肝、猪腰等多血污、重异

味的脏器类食材时，需先用流动的水多次漂洗，将其中的微粒和血污涤去，如此灼熟的成品，口感更为清爽脆嫩，并少一些黏腻之感；在处理虾肉、鸡脯肉等质地细嫩、形易脱、易散的食材时，挂浆则是一个不错的方法，即先把食材用葱丝、姜丝、料酒和盐腌渍，再取蛋清和淀粉抓拌均匀，如此食材原有的鲜嫩和所含的营养不会在灼制的过程中失去。

最后，白灼的菜品，自然少不了必要的调味碟。调味品多种多样，盐、生抽、老抽、白糖、蜂蜜、醋、辣椒、蚝油、豆豉酱、麻酱……灼熟的食材本身虽有些乏味，但作料始终是作料，所以添加时以必要为标准，不能种类过杂、用量过大，否则会盖过食材的味道，而影响食用。

灼法，相较于其他很多烹调技法，都来得简单。可是，从原料的处理、火候的把握以及调味品的运用，无论哪个环节稍有差池，其成品的味道都会有很大的影响，也无法突出食材的本味精髓。所以，正应了那句老话，越是简单的，越考验功夫。

炒有心得

炒法的出现，与金属炊具的出现和普及有着莫大的关系。直至春秋战国时期，中国才迈入铁器时代，铁质炊具得以大规模地生产和普及，因此炒法要比蒸煮等烹调技法晚上很多年。西汉桓宽的《盐铁论》中有"杨豚韭卵"的记录，这应该就是如今我们常吃的韭菜鸡蛋的初代版本。到了南北朝，关于炒菜，有了许多详细的文字记载，《齐民要术》便是其中典范。炒法在其初兴时期，仅是繁华都市中酒肆和饭馆的招牌绝活，如今已经成为中国家庭中最常见、最广泛使用的一种烹调方法。

摆上书面，具体来说"炒"。其步骤为：着旺火、置炒锅，待锅烧热，放油若干，加入作料，或先放入葱末、蒜末、姜末煸炒，再放入预先处理好的食材，在相对较短的时间内加热成熟，期间需使用特质工具——锅铲不断翻匀。若以火候、勾芡与否、食

材的种类以及处理的方式等笼统而论，炒大致可分为生炒、熟炒、滑炒、干炒、抓炒以及爆炒。"炒"字前面所冠之字，就是各种炒法的基本概念。

重点介绍生炒、熟炒和滑炒三种炒法。

生炒，顾名思义，主食材不论是植物类的还是动物类的，都必须是生的，而且在烹调的过程始终不必挂糊和上浆。平日里，在数种炒法中，人们应用生炒的频率一定是最多的。若图个简单的话，择出一把青菜叶子，洗净沥干备用；取油锅烧热，下入少量蒜末煸香后，放入青菜叶，翻炒几遍，调入鸡精和食盐翻匀，即可出锅装盘。当然，对于肉食者来说，得炒出一盘小炒肉才过瘾。选一块肥瘦相宜的猪肉洗净，以推切法切薄片；然后各取一个青椒、红椒，去柄、去籽，洗净后切斜片；取一锅烧热放油，下适量葱末、姜末、蒜末和豆豉煸香，放入猪肉片迅速翻炒，待肉片变色时下入青椒、红椒片翻炒片刻，加入适量酱油、白胡椒粉和盐等，一款家常味的小炒肉即可出锅装盘。如果将青椒、红椒换成尖椒和朝天椒，并切成条状，肉炒得稍老一些，又神似湘菜风味的农家小炒肉。

熟炒，其原料必须先经过余烫或水煮等方法制作成熟或者半熟品，然后改刀切成丝、片、丁、条等形状，再进行炒制。熟炒的一大特点在于，烹调时多用各种酱料，如甜面酱、豆瓣（辣）酱、黄豆酱等。熟炒同生炒一样，均不需要腌渍或者拌淀粉挂糊上浆；不过生炒的食材改刀后，以丝细、丁小、片薄为好，熟炒的则相反。

滑炒，与以上两种炒法显著的不同在于，需要为改刀后的食材着衣。具体来说，首先将主料切成细小形状或切花刀；然后拌调料、葱丝、姜丝腌渍，着衣挂糊上浆（多用蛋清和淀粉），入油锅滑油处理；食材变色后需将多余的油控净，最后就是勾芡汁增稠。大抵来说，若用到滑炒的方法，为的就是保持食材的鲜软细嫩，食材多为鸡脯肉、虾肉等。

以炒法烹制菜肴，理应多使用旺火。食物在高温下迅速收缩，其中所含的水分不会较多地流失，这样才能保持爽嫩的口感，若是肉菜，则不会生老变柴；若是蔬菜，色泽会保有鲜亮的色泽，不会变蔫而失去爽脆口感。

刀工小试

笔者对于刀工的第一次深刻认知，是缘于一则故事，即"庖丁解牛"。在《庄子·养生主》中这样记述："庖丁为文惠君解牛，手之所触，肩之所倚，足之所履，膝之所踦，砉然响然，奏刀騞然，莫不中音。"宰牛剖肉时，有音律为和，其中不免生出一番酷炫劲儿，简直就是一场行云流水的刀法表演秀。

所谓刀工，也可称作刀法，指切菜的技术和方法，是根据烹调与使用的需要，将各种原料加工成一定形状，使之成为组配菜肴所需要的基本形体的操作技术。

刀工的好坏，对于饮食的直接影响可见于《论语》中关于孔子的"十不食"原则，其中一则为"割不正不食"，说明了有差池、闪失的刀工，影响了食物的美观，有悖于饮食的礼仪化精神，当然也牺牲了食物的美味。

刀工是人类对食物文明化处理进行思考和实践中的一个收获，是人类在饮食文明进程中迈出的一大步。

刀工出现的第一个原因，或者说直接原因是改变食材的形状、大小，以方便烹饪和之后食用。再者，中国人对于美食的审美，通常从色、香、味等方面进行考量和判断，食材在经过刀工处理后，富于变化的各式形态替代了原本的自然面貌形态，组配一番，使菜品看起来更加整齐和和谐；而且刀工处理后的食材更便于完整地黏浆挂糊、着色上味，均匀受热，从而使食物更好地保持和发挥本身的鲜味儿。

所以说，刀工的好坏、刀法使用是否恰当都直接影响着美食的成败。

如今，在烹饪中常用的刀法主要有切、片、劈、斩、剁、剖、剔、削、拍、剜等，还有一些颇有艺术表演性质的花刀，比如柳叶、麦穗、荔枝、凤尾、蝴蝶、菊花、兰花、蓑衣等。不过，平时我们用得最多的，毫无疑问是切。

切熟食、切生肉、切蔬菜、切瓜果、切糕点……看着说着，貌似简单，其实里面藏着大学问。切法有多种，有直切、推切、拉切、锯切、铡切、滚刀切、抖切等；以食材处理的形状，有片（薄片、菱形片、夹片、滚片）、丝、条、丁（粒）、块（大块、象眼块、滚刀块）等。

针对不同的食材，需要采用不同的切法。而不同的菜肴，不同的烹调技法，也

需要不同形状的食材。

处理萝卜、紫甘蓝、苹果、梨等脆性的蔬菜和鲜果时，宜用直切，蔬菜切丝状、条状，鲜果切成块状，加适量果酱混合拌匀，可制成蔬果沙拉。推切和拉切，两者放在一起，以供比较。推切要求，切时刀由后往前推，着力点在刀的后端，而拉切则正好相反；推切适于处理生肉、熟肉、豆腐干等，拉切适于切猪肝、肉片和肉丝等。锯切，顾名思义，以刀刃对准原料，如拉锯般先推切后拉切，将原料切成片儿状，比较适合处理像火腿、香肠、白肉、面包等或大块无骨或松散易散形的原料。而滚刀切，适于切土豆、茄子、萝卜、红薯等圆形和椭圆形的食材，切成大块状，搭配肉类等主食材烹制炖菜菜肴。

精湛的刀工，可改变食材的缺陷外貌，使菜品拥有美丽的外观；可使食材在烹饪中均匀受热、充分入味，还可以较好地锁住食材的营养成分，减少流失，在吃得美味的同时，也能吃得更加健康和科学。

刀工之于美食，其意义不言而喻，菜鸟们，要加油喽。

辣字当道

辣椒的故乡在遥远的太平洋东岸的南美洲，直到明末才传入我国，所以又有番椒的叫法。和西红柿在欧洲的命运一样，辣椒一开始只是被当作一种观赏性的植物。

后来，辣椒在不算长的四百年间，从起初的贵州、云南，走到了江西、四川和湖南，再后来红遍了全中国，以汹汹来势取代了本土传统调料的主力位置，改变了中国人的饮食习惯，也极大地丰富了中华美食……

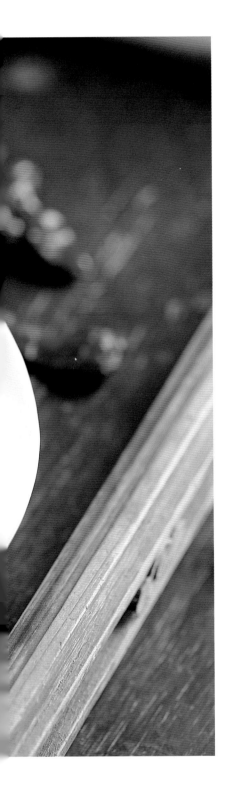

水煮牛肉

麻辣味厚，滑嫩适口，
成了一道鲜香浓郁的麻辣诱惑

　　相传在 1000 多年前的北宋，四川自贡的盐工将淘汰下来的役牛宰杀、取刀切片，并投入到加了花椒等作料的盐水中煮食。长期劳作的役牛肉质细密紧实，即使烹调如盐工般粗糙，依然是一道美味。

　　水煮菜式的精髓始终在于还原食材的本味，水煮牛肉当然也不例外。选择原料以牛里脊为宜，加作料腌渍，再用淀粉和蛋清挂浆可锁住原料中的水分，烫熟后依然不失其滑嫩的口感，再配上绿豆芽，一软嫩一爽脆，层次丰富且鲜明。当然干辣椒、花椒以及郫县红油豆瓣必不可少，这是川味的火红拓印。一层似火的红油裹着细嫩的牛肉，麻辣的浓郁更衬托出牛肉的鲜嫩爽口，这便是味道的本质。

用料

牛肉（瘦）	250g
绿豆芽	100g
绍酒	15ml
酱油	15ml
水淀粉	25ml
蛋清	1个
鸡粉	1g
辣椒粉	10g
花椒	3g
郫县豆瓣酱	35g
高汤	300ml
油	25ml
香葱	5g
蒜	5g

做法

1. 将牛肉放入冰箱中冷冻 30 分钟，取出后切成 0.3cm 厚的片，再加鸡粉、酱油、绍酒、水淀粉、蛋清抓匀腌 10 分钟；蒜剁成蒜碎，香葱切碎，花椒干焙后碾成花椒末。

2. 绿豆芽择去根须，放入沸水中焯烫断生，捞出沥净水放在碗底。

3. 锅内倒入 15ml 油，以中火烧至六成热，下郫县豆瓣酱炒出红油，加入高汤煮开。

4. 锅中保持沸腾，下牛肉片滑散，煮至牛肉片展开即离火。

5. 将煮好的牛肉和汤汁也倒入碗内，撒上辣椒粉、花椒末、蒜碎和香葱碎。炒锅内重新倒入油，烧至七成热，浇入碗中的肉片上即可。

小贴士

▲ 切配牛肉时，要逆着牛肉的纹理切，这样切成的牛肉片才更便于咀嚼，口感也更嫩滑。

▲ 预制花椒末时，只要将干花椒放入炒锅中，用小火慢慢地翻炒干焙出香味，再盛出用擀面杖擀压成末即可。

重庆辣子鸡

重重红椒中探鸡丁，口齿存辣，心尖儿也是酥麻的

一盘辣子鸡端上桌，最直面的印象：多重红辣椒中藏有鸡丁几块，仿佛食客们接下来要吃的不是鸡肉，而是干辣椒。

为了更好地呈现辣子鸡麻辣酥香的口感，最妙的是不以整只鸡为原料，而是单选鸡翅根。其骨架较小、肉质紧实，若炸得好，其肉细嫩，其骨酥香。在过油之前，为了更好地去腥入味，要以老抽、绍酒等作料充分腌渍，如此还能改变鸡翅较为粗糙的肉质。然后开中火，较低油温炸之，这样便可以在鸡肉完全熟的同时还可以有效地榨去其中多余的水分，吃起来不会过皮过松。而花椒和干辣椒等经炒制后，与鸡丁混合煸炒，既可增加香味又能吸去鸡肉表面的油脂。这样，仅有精华的麻辣酥香，行于舌尖，滑过味蕾，不禁令人多生喜爱。

用料

鸡翅根	400g
干辣椒节	300g
蒜	5g
老抽	15ml
盐	1g
白砂糖	5g
绍酒	30ml
白芝麻	2g
花椒	100g
郫县豆瓣酱	50g
油	500ml
（实耗	30ml）

做法

1. 蒜切末；鸡翅根清洗干净，擦干水，剁成 3cm 见方的块。

2. 在鸡块中调入老抽、盐、白砂糖和绍酒，混合均匀后腌渍 20 分钟。

3. 锅中放入油，以中火烧至六成热，将鸡块放入锅中，用中火炸至水汽耗干，表面焦脆，再捞出沥干油分。

4. 锅中留底油，烧热后放入蒜末和郫县豆瓣酱，小火炒出红油后放入干辣椒节和花椒炒出香味。

5. 放入炸好的鸡块翻炒均匀，撒入白芝麻即可。

小贴士

▲ 不要被如此大量的干辣椒和花椒所吓到，这样烹调后的鸡肉才会足够入味。鸡肉部位的选择也可以根据家人的喜好而改变，比如鸡翅尖、鸡翅中、鸡腿均可。

麻辣小龙虾

虾壳中的热油和食者嘴边的唏嘘
一盘虾，两种唑唑声，

原产于北美的小龙虾，被善烹饪的四川人拿来，用旺火爆炒，以干辣椒、花椒等佐味，火红的姿态、火辣的口感，地道的川菜风味让人丝毫吃不出"舶来品"的陌生。

一盘麻辣小龙虾，一打啤酒，再配上一盘水煮毛豆，三五好友围坐一桌，刚出锅的小龙虾伴着唑唑的响声被端上桌，红亮诱人的色泽顿时点开了食客的胃口。红火的外壳包裹着细嫩的虾肉，麻辣中伴着鲜味升出，让人吃得好不过瘾又频频咂舌。当然，这时要再来上一大口啤酒，冰爽的凉意便有效地缓和了麻辣的刺激，给紧张的味蕾以短暂的放松。然后再随手剥上几颗毛豆打零嘴，吃着，喝着，聊着，让人好不畅快。

用料

小龙虾	500g
大葱	10g
蒜	5g
姜	5g
油	30ml
盐	1g
郫县豆瓣酱	50g
绍酒	20ml
白砂糖	3g
酱油	30ml
鸡粉	1g
干辣椒	50g
花椒	30g

做法

1. 大葱切斜段，姜切片，蒜拍碎。
2. 锅中放入油，以中火烧至六成热，放入干辣椒、花椒、郫县豆瓣酱、大葱、姜和蒜，小火慢慢炒出香味。
3. 将小龙虾放入锅中，烹入绍酒，翻炒至小龙虾颜色变红。
4. 调入酱油、盐、鸡粉和白砂糖继续翻炒。
5. 盖锅盖焖5分钟，开盖翻炒至收汁即可出锅。

小贴士

◢ 在清洗小龙虾时，可用牙刷在流动的水下逐一反复冲刷，这样保证可以将小龙虾外壳缝隙中的污物清除干净。小龙虾的外壳坚硬厚实，不易熟透，可以从外壳的颜色来判断成熟度，鲜活的小龙虾外壳是黑红色的，完全熟透的小龙虾就会变成亮红色，注意一定要彻底熟透后再食用。

香辣开边虾

虾开两边，其鲜丰美，一迷眼球，二迷嘴巴，三迷心

　　中国人有着悠久的吃虾历史，2000多年前的《尔雅》中就有"鱼高，大虾"的记录。香芹，又称西芹、欧芹和洋芹，原产于南欧地中海沿岸，既是一种食材，又被视为一味香料，早在罗马时代就被用于烹饪中。以香芹搭配鲜虾，一方面可丰富菜品的口感层次，另一方面还可以增加虾肉的香味。再者，在我国古代，芹菜又被当作一种中药材，《生草药性备要》认为其能"补血、祛风、祛湿，敷洗诸风之症"。香芹、虾的寒凉恰好中和了花椒、干辣椒的辛热，这样一盘外表火辣、本质温和的菜肴，食客们一番饕餮之后，既餍实了口腹之欲，又滋补了身体，真是一举多得！

用料

鲜虾	300g	盐	1g
香芹	50g	蒜	5g
干辣椒节	50g	姜	10g
花椒	30g	老干妈豆豉酱	30g
生抽	15ml	油	30ml
绍酒	15ml	白芝麻	3g
白砂糖	2g		

做法

1. 鲜虾冲洗干净后，用刀将背部剖开，再剔除中间的黑色虾肠，并展开压平。

2. 香芹洗净，切成 5cm 长的小段；姜削去外皮，切片；蒜拍碎。

3. 炒锅中放入油，以中火烧至五成热，将鲜虾放入，煎至表面通红定型，再取出待用。

4. 锅中留底油，放入老干妈豆豉酱、姜片、蒜碎、干辣椒节和花椒爆香，随后放入虾翻炒均匀。
5. 调入绍酒、生抽、盐和白砂糖拌炒均匀，撒入香芹段和白芝麻即可。

小贴士

▲ 要尽量选择个头稍大一些的新鲜海虾来烹制这道菜肴。鲜虾的新鲜程度可从外壳的颜色来判断，新鲜的海虾通常外壳饱满有光泽，头部的颜色与身体的颜色一致，都为浅灰色，不新鲜的海虾头部的颜色会发黑，头部与身体连接松散，甚至会脱落。

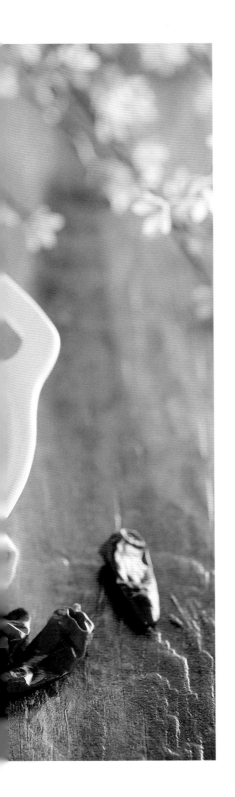

香辣蟹

浓浓的鲜味，令挑剔者也臣服
自带五味，麻辣佐之，

秋风起，蟹脚痒。好吃之人的心连着胃更是痒成一团。关于蟹肉的美味，清代美食家张岱曾说："食品不加盐醋而五味全者，无他，乃蟹。"如此这般大肆褒奖，足以令人想窥探一番。

烹饪蟹肉，颇有些淡妆浓抹总相宜的味道。如何呈现其鲜味呢？清蒸忠于完整地还原，而快炒则欲添加新味，比如香辣蟹。红辣椒、棕花椒、白芝麻、碧香芹共同渲染着蟹，一下子便晕开了食客的胃口。先夹起一小块蟹肉含在口中，舌尖划过一层层的麻辣，尽头有一股清鲜在静候。可是这鲜味还未来得及好好体会，惊喜中蟹肉便被一口吞了下去，不禁懊恼自己的笨拙。其实再来一次，结果多半还是失败，不如索性放开胃口，先吃个痛快为好。

用料

梭子蟹	2只	油	500ml
香芹	30g	(实耗	30ml)
大葱	10g	酱油	10ml
蒜	10g	绍酒	30ml
姜	10g	盐	1g
干辣椒	30g	白砂糖	5g
花椒	50g	淀粉	100g
白芝麻	3g	熟花生仁	20g
老干妈辣酱	30g		

做法

1. 所有食材洗净。将大葱切斜段；蒜用刀背拍散；姜削去外皮，切片；香芹切段。

2. 梭子蟹揭盖，处理干净，斩切成六块，再均匀地蘸上一层淀粉。

3. 锅中放入油，以中火烧至七成热，放入蟹块，将表面炸成橘红色，再捞出沥干油分。

4. 锅中留底油，爆香干辣椒、花椒、大葱、蒜和姜片，再放入老干妈炒出红油。

5. 放入炸好的蟹块，调入绍酒、酱油、盐和白砂糖拌炒均匀，再撒入白芝麻、香芹段和熟花生仁即可。

▲ 淀粉可以锁住蟹肉中的水分，并且保证肉质不散，所以在蘸淀粉的时候，一定要使淀粉将蟹肉的切口处充分包裹住。

麻辣香锅

荤素皆宜，随意搭配，
火红麻辣一大锅，让人赚足嘴瘾

麻辣香锅，源于重庆缙云山土家风味。当地人平时喜欢把各种素菜混成一大锅加入各种调味料炒熟吃，当然若要有重要的客人拜访，还会往锅中放入海鲜、家禽等荤类食材。

相较于其他菜肴，麻辣香锅最大的特色便是没有固定的食材搭配，完全随食客的喜好和需要，素食主义者可以全点蔬菜，嗜肉食者自然要纯配荤材，当然也可以荤素兼备。满满的一大盆，全都是自己爱吃的，若是个选择恐惧症的吃主儿，大概会为先吃什么而纠结。而且守着这么一盆美食，总让人觉得这胃口比平日里要好不少，手中的筷子总是放不下，一番大汗淋漓后盆已见底，身子已不觉往后倾了许多，因为这样肚子才舒服嘛。

用料

麻辣香锅酱	80g
花椒	10g
干灯笼椒	50g
大蒜	10g
姜片	10g
藕	100g
海带	100g
鲜虾	100g
青笋	100g
香菇	100g
午餐肉	100g
百叶结	50g
油	30ml
香菜	10g
白芝麻	3g

做法

1. 所有食材洗净。藕削去外皮，切圆片；海带切菱形片；青笋削去外皮，切成5cm长的条；香菇去根，切厚片；午餐肉切方片；香菜切段。

2. 锅中放入热水烧沸，放入藕片和青笋条焯烫1分钟，捞出沥干水分。

3. 炒锅中放入油，以中火烧至五成热，放入鲜虾炒干水分，再捞出待用。

4. 锅中留底油烧热，放入大蒜、姜片、花椒、干灯笼椒和麻辣香锅酱，用小火慢慢炒出香味，再放入藕片和青笋条翻炒片刻。

5. 放入香菇、百叶结、海带片、午餐肉和鲜虾大火翻炒入味，再撒入白芝麻和香菜段即可。

小贴士

▲ 麻辣香锅的大部分材料都需要事先处理，用水焯熟或者用油炸熟，便于快速翻炒。处理好的食材要沥干水分，不然做出的麻辣香锅会有水，影响口感。麻辣香锅的辣椒一般用灯笼椒，味道会比较好。

香辣猪手

看上去似软玉一般，
嗍一口，一汪浓郁便立即化开

　　猪手,在四川人的文化字典里,又有"抓钱手"的别称,再配上红火的辣椒,这"红红火火"的寓意便更加浓郁了。所以,为了讨个好彩头,每逢春节,他们自然都要做上一道香辣猪手来吃。

　　广东人烹饪猪手,惯用白卤,色泽晶莹剔透,味道清淡,不过很多外地的食客似乎并不领情,反而更青睐于四川的香辣猪手。葱、姜淡去了猪手的腥味,白醋软化了猪手的胶质,而辣椒、花椒、豆豉等既增加了猪手本身的香味,又褪去了其黏腻的口感。如此鲜香软糯、入口即化的香辣猪手,不禁让人吃得投入、沉醉。

用料

猪手	1只
蒜瓣	5g
姜	10g
香葱	10g
干红辣椒	30g
花椒	20g
老抽	15ml
白砂糖	10g
米醋	5ml
盐	10g
油	20ml
豆豉	10g

做法

1. 老姜和蒜瓣洗净，切成片；香葱切成葱花。

2. 猪手用清水冲洗后，剁成 5cm 见方的块。大火烧开锅中的水，放入猪手焯烫 2 分钟，捞出后用清水冲净浮沫，沥干水分。

3. 以中火将炒锅中的油烧至七成热，放入蒜片、豆豉、花椒、姜片和干红辣椒爆出香味。

4. 锅中放入焯烫好的猪手，再调入老抽和白砂糖翻炒 2 分钟。

5. 在锅中加入开水（水量以没过猪手 2cm 为宜）大火烧沸后，转小火炖煮 1 小时，之后调入盐和米醋，转大火将汤汁收稠，最后撒入香葱花即可。

小贴士

▲ 猪手炖的时间长一些，口感就会比较软糯，炖的时间短一些，就会比较有嚼劲儿，可以根据个人的喜好来灵活控制烹调时间。

辣炒鱿鱼丝

鱿鱼丝轻弹在唇齿间，有干辣椒、白芝麻衬着，更觉鲜味

中国人的嘴边常挂着"章法"二字，起初说的是做文章，后来延伸到为人处事，当然烹饪也是如此。

鱿鱼，也称枪乌贼、柔鱼，虽有鱼的称谓，实际却不是鱼，不过确有鱼的鲜味。因为其质地厚于一般鱼肉，将鱿鱼以小段均分，以辣椒酱等煨之，更容易入味。鱿鱼丝经爆炒后微微卷起来，一副害羞的模样，煞是可爱。夹起一小段，嚼在口中，脆弹的鱿鱼在收缩膨胀之间不断地释放着香辣，之中又有一股鲜香逸出，如下工笔般细细地勾勒，丝丝缕缕在口腔中打着旋儿，如此的好味道，总让人想要再多吃上几口⋯⋯

用料

鱿鱼头	200g	洋葱	100g
蒜蓉辣椒酱	30g	油	30ml
酱油	10ml	香菜	5g
干辣椒	30g		
姜	10g		
白芝麻	2g		

做法

1. 所有食材洗净。洋葱切丝，姜削去外皮切细丝，干辣椒剪成小段，香菜切小段。

2. 将鱿鱼头清洗干净，鱿鱼须切成5cm长的小段。

3. 锅中放入油，烧至六成热，将鱿鱼丝放入，翻炒去除水汽至变色，再捞出沥干待用。

12

4. 锅中留底油烧热，加入干辣椒段、姜丝和洋葱丝爆香，随后放入蒜蓉辣椒酱煸出香味。

5. 放入鱿鱼丝，调入酱油拌炒均匀，再撒入白芝麻，点缀香菜段即可。

▲ 白洋葱甘甜，紫洋葱辛辣，做此道菜推荐选择白洋葱，味道会更好一些。

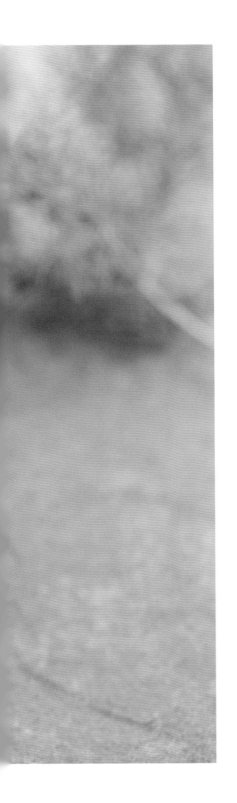

小炒麻辣香肠

肥瘦咸宜，香辣窜口，
食一口香肠，浓郁年味在齿间流连

　　每年到了腊月，四川人都会制作大量的香肠，一是为犒赏辛苦劳作了一年的家人，二是为延长肉的保存期限。将猪肉剁碎，加入胡椒面、辣椒面、五香粉等作料拌匀，装入肠衣后挂在背阴通风处晾一周，再点燃柏树枝等熏上一个晚上，味道会更好。

　　一把青蒜、几个辣椒和几味作料将香肠一番快炒，装入盘中端上来，造型虽简单，浓郁的香气却不得不让你赶紧举起筷子。香肠嚼起来颇为筋道，麻辣裹挟着馥郁的肉香，又有丝丝缕缕木熏香味氤氲着。即使尝尽百千美味，这种家的味道，简单又温暖，怎能不让人眷恋。

用料

麻辣香肠　200g
朝天椒　　10g
青蒜　　　50g
姜　　　　10g
蒜　　　　5g
鲜榨菜头　50g
豆豉辣酱　30g
生抽　　　10ml
白砂糖　　5g
绍酒　　　15ml
油　　　　15ml

做法

1. 姜削去外皮，同蒜一同切成片；朝天椒洗净，切斜片；鲜榨菜头洗净，切成薄皮。

2. 将麻辣香肠切成斜片；青蒜洗净，切斜段。

3. 大火烧开煮锅中的水，放入鲜榨菜头焯烫1分钟，捞出沥干水分备用。

4. 以大火将炒锅中的油烧至五成热，放入豆豉辣酱、蒜片、姜片和朝天椒煸炒出香味，再放入麻辣香肠快速翻炒，烹入绍酒后继续翻炒1分钟。

5. 加入鲜榨菜头，调入生抽和白砂糖翻炒均匀，撒入青蒜段翻炒至青蒜叶稍变色即可出锅。

小贴士

▲ 事先将麻辣香肠整根蒸一下，再切片烹调，味道会更好。鲜的榨菜头是一种时令性的季节蔬菜，如果买不到也可用芥蓝茎和西蓝花茎来代替。

老干妈煎肉

豆豉伴之，肉味更浓，
老味道就是这般怎么吃也吃不够

　　"老干妈"豆豉酱，对于大多人来说再熟悉不过了。它是多少厨艺拙劣者的好帮手。即便是再普通的白面馒头，只要蘸上一口老干妈，那极其浓郁的香味，都能让你敞开胃口吃出一番酣畅来。

　　当肥瘦相宜的猪腿肉经小火慢煎至金黄，其中多余的油脂便被逼了出来，再以老干妈佐味儿，浓郁的豆豉香浸入酥焦的猪肉中，猪肉的香味变得更浓，口感更佳；而青蒜的添入，更打开了食者的胃口。夹起一块放入口中，酥中有嫩，肥而不腻，鲜香中见微辣，即使食者贪嘴多吃上几口，也不会起腻。

用料

猪腿肉	400g
青蒜	50g
蒜	5g
姜	10g
生抽	30ml
绍酒	15ml
油	20ml
老干妈豆豉酱	50g

做法

1. 将猪腿肉放入冰箱中冷冻 20 分钟，待僵硬后再取出，切成均匀的薄片。

2. 青蒜洗净，斜刀切成 5cm 长的段；蒜切薄片；姜削去外皮，切细丝。

3. 以中火烧热炒锅中的油，待烧至五成热时，将猪腿肉放入，用小火慢慢煎至两面焦黄，水气渐干。

4. 将蒜片和姜丝放入炒锅中，爆出香味后调入老干妈豆豉酱、绍酒和生抽翻炒约 3 分钟。

5. 在锅中放入青蒜段，翻炒至青蒜熟透即可。

小贴士

▲ 老干妈豆豉酱中带有足够的盐分，放此酱后，只需再调入少许生抽提鲜即可，不用再额外添加盐分。要尽量选择三分肥七分瘦的猪腿肉，煎制过程中，要小火慢煎，不能着急，以保证每片肉的两个面都能均匀地受热，使肥肉部分的油脂能够充分地析出，这样烹制而成的老干妈煎肉才会肥瘦相间、不腻不柴。

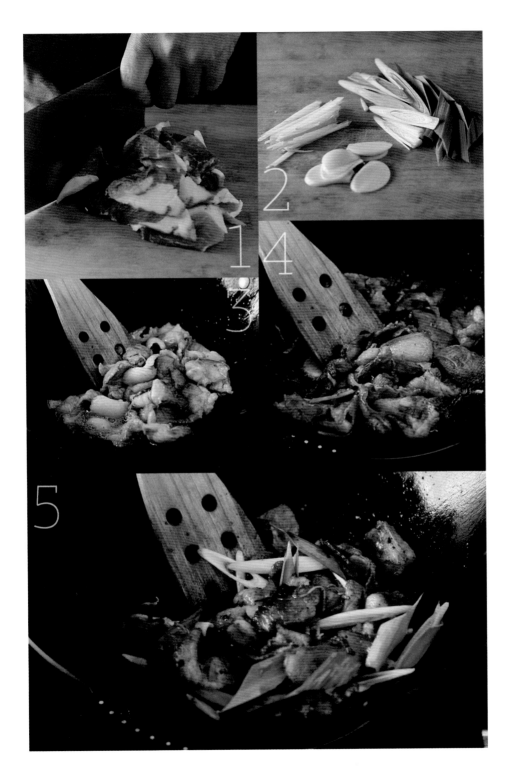

家有小食

美食，不只有各式的食材、花哨的刀工、复杂的工序这种精心打造的大菜，还有以简单的一两种食材、朴素的改刀、简单的烹调组合而成的小食，对于生活来说，前者是一种犒赏，后者则更为贴心。

要以简单的原料，做出美味的小食，其实对于烹饪者来说更是一种考验。

或者说，一道美味的小食就是人们对平淡日子进行的一次探索。

善为小食者，其生活多半有趣……

四季烤麸

考究的模样，细致的味道，一派清风徐来、水波不兴的韵味

烤麸，由面筋保温发酵，上笼以旺火蒸熟而成。色泽褐黄，多气孔似海绵，江浙一带的传统做法便是四季烤麸，也称四喜烤麸。所谓四喜，即除了主料烤麸外，还必须要加上香菇、黄花菜、黑木耳、花生仁等四种辅料。因为这颇为讨喜的名字，所以每逢年过节，江浙一带的人家都会特意做上一盘。

四季烤麸，有着苏帮菜的一贯风格，自然流露出一派玲珑之意。黄花菜、烤麸、黑木耳、香菇、花生仁的如此组合，无论外观还是口感味道，都来得细致考究，层次丰富分明，如此用心的搭配，不能不令食客们由衷佩服。

用料

烤麸	100g
花生仁	80g
干香菇	30g
干黑木耳	30g
干黄花菜	20g
老抽	15ml
生抽	15ml
白砂糖	30g
姜	5g
盐	1g
油	300ml
（实耗	30ml）

做法

1. 将烤麸、干黄花菜、干黑木耳和干香菇放入热水中浸泡 20 分钟至全部发起，再将黑木耳掰去底根，黄花菜冲洗干净，切去根部。姜削去外皮切丝。

2. 锅中放入适量热水，以大火烧沸后将烤麸放入，以小火煮制10 分钟，取出后用冷水冲凉，再泡入水盆中用手反复挤压，以去除其中的豆腥味，然后尽量挤干其中的水分并完全晾干，再切成 2cm 见方的小块。

3. 花生仁放入沸水中，用小火煮约 10 分钟，然后取出沥干水分待用。

4. 中火烧热锅中的油，待烧至六成热时，将烤麸块放入，小火慢慢炸约 3 分钟，随后取出沥干油分。

5. 锅中留底油，烧热后放入姜丝爆香，随后放入花生仁、香菇、黄花菜、烤麸块和小朵黑木耳，用中火翻炒片刻，再调入老抽、生抽、盐和白砂糖拌炒均匀即可。

小贴士

▲ 烤麸要经过反复漂洗、沥干、炸制才能彻底去除豆腥味，每个步骤都马虎不得，否则十分影响成菜的味道。

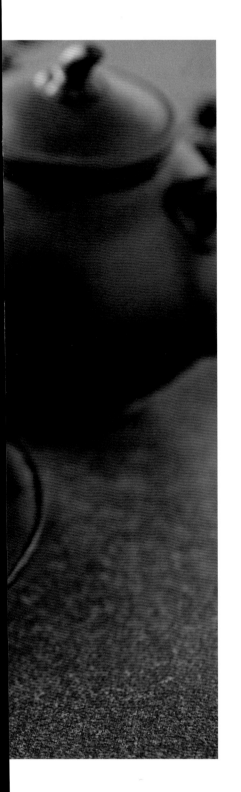

家常豆腐

外焦里嫩，浓淡咸宜，
一片豆腐化成嘴边的一弯微笑

中国人食用豆腐，始于东汉淮南王刘安，距今已有 2000 余年的历史。如今豆腐的品种多种多样，以地域和制作手法可简单划分为北豆腐和南豆腐。相较于南豆腐，北豆腐质地比较老韧，更适合以煎炒法烹饪。虽说豆腐家常，但做起来却并不是那么简单，如何渲染这一副白色的底子，是个见功底的活儿。

加入少量的猪肉佐味，其肉香恰好改善了豆腐本身的寡淡，而朝天椒、青蒜、大葱等辅料的加入更是丰富了成菜的色相和味道。如此一番修饰，不仅去掉了豆腐本身的豆腥味儿，且其本真清嫩的味道变得更为明晰，再经过油煎，豆腐外焦里嫩，吃起来更为合口。

用料

北豆腐	300g
青蒜	30g
猪肉馅	50g
朝天椒	10g
大葱	10g
姜	10g
绍酒	15ml
酱油	15ml
白砂糖	5g
油	30ml
盐	1g

做法

1. 北豆腐切成 5cm 长、3cm 宽、1cm 厚的片，喜欢口感软嫩的可以切成 1.5cm 厚，反之则可切得更薄些；青蒜择洗干净切成斜片；朝天椒洗净切碎；姜洗净切末。

2. 以中火加热煎锅中的油，待烧至五成热时，逐块放入豆腐块煎至底面金黄，小心翻面后将另一面也煎成金黄色。煎豆腐时需有足够耐心，不宜过早翻动，以免豆腐粘锅、碎裂。煎够火候时豆腐自然就与锅分开了。

3. 炒锅中留底油，再次烧热后，投入姜末和朝天椒碎炒出香味，再放入猪肉馅炒散至变色。

4. 锅中烹入绍酒，加入酱油、白砂糖和少许水（也可加入高汤）煮开，放入豆腐加盖焖煮 5 分钟。

5. 投入青蒜翻炒至青蒜变色，再调入盐翻拌均匀即可出锅。

小贴士

▲ 放入豆腐后，不要大力翻炒，避免将豆腐捣碎，从而影响成菜的美观。

松仁玉米

色泽明快，口感活泼，
给胃口和心情好好地按摩一番

　　说起东北菜，多数人最先想起的是诸如锅包肉、酱大骨之类的硬菜。其实松仁玉米也是东北菜，代表着东北人的另一面。黄玉米、白松仁、青豌豆、胡萝卜，色彩搭配得如此活泼欢快，如此高颜值深得孩子们的喜爱。其味道清爽甘甜，玉米的甜嫩、松仁的酥香、豌豆的清新和胡萝卜的爽脆，不同的口感似一段音律在舌尖弹奏，活泼而欢快。

　　很多人多说松仁玉米是道童年菜肴。疲惫的时候吃上几口，一股幸福感油然而生。当然回到童年是不可能的，但童年的欢乐趣味还是能凭着这味道寻着几分……

用料

罐装玉米粒	300g
松子仁	80g
胡萝卜	30g
豌豆仁	30g
香葱	5g
盐	1g
白砂糖	3g
油	20ml

做法

1. 胡萝卜去皮，切成小丁；香葱洗净，切碎；豌豆仁洗净。

2. 松子仁用平底锅小火焙香，至略呈金黄色盛出，平铺在大盘中放凉。

3. 大火烧热锅中的油，待烧至六成热时，放入香葱花爆出香味，再放入胡萝卜丁煸炒1分钟。

4. 锅中倒入玉米粒和豌豆仁，继续以大火翻炒，随后调入盐和白砂糖。

5. 在锅中放入松子仁，拌炒均匀即可。

小贴士

◢ 干焙松子仁时火力不要太大，要用小火慢慢将松子仁加热，使其能够均匀受热、均匀上色，避免局部温度过高，出现煳斑，影响口味和卖相。

油焖冬笋

鲜味浓郁，脆嫩润口，
只一口便足以抚平平日里的抱怨

每年夏季，楠竹的竹根鞭子上开始孕育出细小的幼芽，到了来年一二月份，幼芽长成笋子，鲜美的味道臻于丰实，正是吃食的好时节。

笋子，被誉为"蔬中一绝"。烹饪笋子，其实不必有太过花哨的配菜和作料，即使只有笋子一种食材，其丰厚的鲜味足以告慰食者的胃口。葱、姜、料酒等作料，本着作为作料的谦虚，在有效地使笋子去涩入味的同时，又给予其足够的空间去发挥。笋子，吃起来脆嫩，细细咀嚼间，其清鲜源源不断地送出来，在口中起舞翩跹。所谓的饱口福大概便是如此吧！

用料

冬笋	500g	白糖	15g
香葱	5g	油	30ml
姜	5g		
绍酒	10ml		
老抽	10ml		
生抽	5ml		

做法

1. 冬笋剥去外层硬硬的笋衣，切去老根，再切成 3cm 见方的滚刀块；香葱洗净后切成葱花；姜削去外皮，切片。

2. 以大火烧开锅中的水，放入笋块焯煮 2 分钟，以去除冬笋的涩味。

3. 炒锅内加油,以大火烧至七成热,放入
   姜片爆香,再倒入笋块煸炒至表面微焦。
4. 调入绍酒、老抽、生抽和白糖翻炒几下,
   盖上锅盖转中小火焖 5 分钟。
5. 打开锅盖,大火翻炒收汁,出锅前撒入
   香葱花即可。

◢ 可以根据时令的不同,选择不同品种的
   新鲜笋种,比如冬天用冬笋来烹制,春
   天就用春笋来烹制,只要保证笋子新鲜,
   做出来的味道都不会差。

百合炒南瓜

脆嫩百合，甜糯南瓜，组成了一道让人惦念的清新味道

　　百合，其花清香迎人，其肉甜润醉人。唐王维诗云："冥搜到百合，真使当重肉。"以百合入馔，在我国有着极其悠久的历史。而原产于中美洲的南瓜，虽到了明代才传入中国，但因其口感清润软糯，被人们以各种方法广泛地运用到烹饪中。

　　白嫩的百合搭配橙黄的南瓜，自然带有的糖分取悦了食者的味蕾，色泽诱人，甜度刚好，丝毫不腻味。南瓜的软糯中又时有脆嫩的百合。此外，无论是百合还是南瓜，在我国古代，都被视为药材，所以食者在享用时大可放宽心。有好味道，又有好营养，怎不令人愉悦！

用料

南瓜	300g
百合	20g
白砂糖	3g
盐	1g
油	15ml
香葱	5g

做法

1. 南瓜去掉瓜瓤、瓜籽，削去外皮，切成 0.5cm 厚的片。鲜百合去掉外层老瓣，将内芯剥成小瓣，去掉边上褐色部分，洗净；香葱洗净，切碎。

2. 以大火烧开锅中的水，放入南瓜片焯烫 2 分钟，捞出沥干水分。

3. 炒锅内放入油，大火烧至七成热，放入焯好的南瓜片，加入白砂糖和盐翻炒均匀。

4. 加入百合瓣和香葱碎，翻炒数下即可出锅。

小贴士

▲ 百合特别鲜嫩，一定要最后再放入，因为过度加热会使其很快变黑。

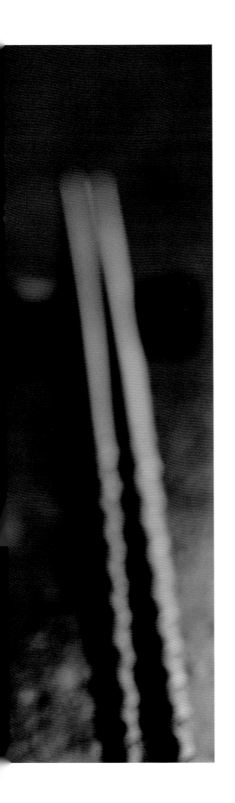

糍粑土豆

麻麻辣辣，软软弹弹，
清香滑过舌尖，满足感油然而生

　　糍粑土豆，和制作糍粑的手法一样，是将土豆捶捣成黏性很强的糊状物，流行于甘肃、陕西、四川、贵州、云南等地。土豆，又称洋山芋或洋芋。所以，糍粑土豆在甘肃被习惯叫作洋芋搅团，而在四川、贵州、云南通常被称为洋芋粑粑。

　　糍粑土豆虽普通，但要做得好吃，一定得花上一番功夫。然后以芝麻、孜然粒、花椒粉等稍作调味拌炒，洁白柔软的土豆裹着一层金黄酥脆的外衣，拿起来咬上一口，爽弹的口感让人忍不住多咀嚼几次，作料的香味和着土豆的清香，如丝般密密地滑过舌尖，一份满足感也油然而生，迟迟不散。

用料

土豆	400g	盐	1g
香葱	10g	油	10ml
辣椒粉	5g		
花椒	1g		
孜然粒	1g		
白芝麻	5g		

做法

1. 土豆洗净，放入汤锅中，加入足量的水，大火烧沸后转中火煮 30 分钟，煮至土豆完全熟透。

2. 待土豆熟透后取出用冷水冲凉，再用手剥去外皮。

3. 用刀背碾压土豆，碾成不均匀的小碎块。

4. 香葱洗净，切碎；在锅中放入辣椒粉、孜然粒和白芝麻，用小火干焙出香味，

盛出待用。再将花椒放入，继续用小火干焙出香味，取出用擀面杖擀成花椒末。

5. 锅中放入油，中火烧至六成热时，放入土豆碎块，用小火煎炒至土豆表面上色。

6. 将花椒末、辣椒粉、孜然粒、白芝麻放入锅中，再调入盐和香葱碎，拌炒均匀即可。

<blockquote>
小贴士

◢ 因为土豆大小不一，完全煮透的时间也不一致，判断土豆是否煮透了可以用小刀插入土豆的中心，感觉一下插入的阻力，如果是一致的，并且入刀不用什么力就能轻松插到土豆中心部分，即说明土豆熟透了，反之就还需要继续煮一会儿。
</blockquote>

蚂蚁上树

粉丝细长，粘着肉末，观一眼便生趣，食一口过足瘾

　　蚂蚁上树是一道形意菜。蚂蚁指代猪肉馅，树枝说的是粉丝。小小的肉末黏在长长的粉丝上，就像一群蚂蚁行于树上，如此形象的遐想，丝毫没有嫁接的痕迹。

　　就是这一把粉丝、一小碗猪肉，辅以几味作料简单烹调，食材平常如此，样子亦无须过多修饰，烹饪者凭着将食材巧妙地组合发挥，便自然成为一道美妙的家常肴馔。细长的粉丝吃起来轻弹爽滑、不黏腻，藏于其中的肉末虽小，贡献却极大，香味非常浓郁，就像是一只掷于舌尖的美味福袋，给食者味蕾一份大大的惊喜。一道蚂蚁上树端上桌来，观一眼则生趣，食一口则令人难忘。

用料

龙口粉丝	50g	郫县豆瓣酱	8g
猪肉馅	80g	生抽	15ml
姜	5g	绍酒	15ml
蒜	5g	油	20ml
香葱	5g		

做法

1. 粉丝用冷水泡软，洗净，再剪成 10cm 长的段。

2. 香葱、姜、蒜分别洗净，切成末备用。

3. 锅中放入油，以中火烧至五成热，放入姜末、蒜末爆香，再下入猪肉馅煸炒出

香味。

4. 放入郫县豆瓣酱煸炒出红油，再调入绍酒、生抽继续翻炒片刻。

5. 将粉丝下入锅中煸炒，并不断用筷子挑开，最后出锅前撒上香葱末即可。

小贴士

▲ 蚂蚁上树的关键在于，烹调前一定要将粉丝剪成小段，烹调时火力不要过大，也不要额外添加水分，并且放入粉丝时要快速用筷子将粉丝挑松散，避免粉丝受热粘黏在一起，并且能够使其均匀上色入味。

虎皮尖椒

乍起白皱，香味正好，
一道恰当诠释了简单美学的菜肴

尖椒经过油煎后，表面微微皱起，贴锅的一面会生出焦白的印子，故曰虎皮。尖椒经油润后，色泽清亮，看上去像是打了一层光。辣椒的薄皮微微膨胀，肉则萎缩缩紧，吃起来有焦脆有软嫩，清香可口。而且其作料相当简单。用葱、蒜等稍稍地点缀提味，旨在突出辣椒纯粹的香辣味道。食客和辣椒之间，无须多余的衬托，单纯地欣赏和被欣赏，足矣。

若是再来上一碗白米饭，青青白白间，大米的清香和着尖椒的香辣，让食者迟迟不肯放下碗筷，胃中虽已沉甸甸，舌尖却依旧飘飘然。

用料

尖椒	300g	白砂糖	1g
蒜	5g	盐	1g
姜	5g	油	30ml
香醋	10ml		
生抽	20ml		

做法

1. 用刀沿着尖椒蒂的边缘轻轻划开一圈，然后用手抓住青椒蒂旋转，将青椒籽连同青椒蒂一起拽出，再切成8cm长的段姜削去外皮，同蒜一起切成小片。

2. 锅中放入油，大火烧至五成热时，将尖椒段放入，用大火将尖椒表面煎出皱皮，待表面出现虎皮纹路时，盛出待用。

3. 锅中留底油，烧热，爆香蒜片和姜片，再调入生抽、香醋、白砂糖和盐，混合均匀。

4. 将尖椒段放入锅中，大火翻炒，使尖椒完全吸收到调味汤汁，将汤汁收至渐干即可。

小贴士

◢ 制作虎皮尖椒的关键在于要用大火使尖椒表面均匀上色起皱，所以在烹调时要不停地翻动，以保持尖椒的每个面都能同时均匀地受热。

干煸四季豆

豆角脆嫩，猪肉喷香，

麻辣佐之，只一口便套牢食者胃口

　　四川人颇善烹制江湖菜，大盘摞大碗，外观颇为粗犷；而且多浓油、好麻辣，味道来得非常霸道。其每道菜不光风格独特，而且个个背后都独具心思，比如干煸四季豆。

　　过完油的豆角表皮微微起皱，泛起的点点白色点缀在通体的青翠中，好不可爱！以中火干煸，豆角中多余的水分和本身的青涩味儿便被一起逼了出来，而葱、姜、干辣椒等作料的香味则"伺机"流入豆角中，丝丝缕缕地混着豆角自有的清香。随后猪肉末的加入，在油与火中和豆角亲密地交换着味道，猪肉的腴香混着豆角的清香，肉的软糯伴着菜的脆韧，在唇齿间更迭流转，味道如此之美好，贪婪的胃口或早或晚终归是要沦陷的。

用料

四季豆	300g
大葱	10g
姜	10g
蒜	5g
猪肉馅	100g
干辣椒	5g
酱油	15ml
白砂糖	5g
盐	1g
油	200ml
（实耗	30ml）

做法

1. 四季豆择去两端和两侧的老筋，再掰成 5cm 长的小段，洗净。

2. 大葱洗净，切斜片；姜削去外皮，洗净切片；大蒜洗净，剁碎；干辣椒掰碎。

3. 锅中放入油，大火烧至六成热时，放入四季豆，用中火慢慢炸至表面出现皱褶，再捞出沥干油分待用。

4. 锅中留底油烧热，放入猪肉馅煸炒干水分，再放入大葱片、姜片、蒜碎和干辣椒碎，煸炒出香味。

5. 将四季豆放入锅中翻炒片刻，再调入酱油、白砂糖和盐，拌炒均匀即可。

小贴士

▲ 四季豆中含有一定的毒素，烹调时一定要充分用油炸透炸熟，再进行下一步烹炒。

蚝油杏鲍菇

蚝油润着薄薄的菇片，
一片香脆，一片鲜味，一片得意

　　杏鲍菇，因其味道似杏仁，菌肉的口感厚如鲍鱼而得名。其野生者多生长在刺芹的枯木上，故又有刺芹侧耳的称谓。

　　青的荷兰豆，白的杏鲍菇，红的辣椒，如此姣好的色相，能让食客想要急忙落座举箸。清甜的米酒敛去了杏鲍菇的腥味，柔软了其质地；浓缩了牡蛎鲜味的蚝油，更极大地丰富了其鲜味。夹起杏鲍菇片咬上一口，软嫩中有一股清丽的鲜味顿时充满口腔，让人仿佛置于郁郁葱葱的山坡上，时有轻柔山风吹过，流连其中而不知返。

用料

杏鲍菇	200g
荷兰豆	50g
红辣椒	30g
姜	5g
水淀粉	10ml
蚝油	20ml
米酒	10g
白砂糖	3g
生抽	5ml
油	200ml
（实耗	30ml）

做法

1. 杏鲍菇洗净，纵向切成长片；荷兰豆洗净，去老筋，切成菱形片；红椒洗净，切菱形片；姜削去外皮，洗净切碎。
2. 锅中放入油，中火烧至六成热时，放入杏鲍菇片，用中火炸至表面焦脆，再捞出沥干油分待用。
3. 锅中留底油烧热，放入姜碎爆香，再放入荷兰豆和红椒翻炒片刻。
4. 放入杏鲍菇，调入米酒和白砂糖翻炒均匀。
5. 调入蚝油和生抽，大火收汁，用水淀粉勾薄芡即可。

小贴士

▲ 杏鲍菇的肉质比较肥美，如果喜欢吃香脆的口感，可以将杏鲍菇片切得薄一些，如果喜欢软软的肉质口感，可以将杏鲍菇片切得厚一些。

叁

津津肉味

对于大多数人来说，大鱼大肉更能满足我们饕餮般的胃口，而那些青菜素食嚼起来总是感觉有些寡味。

在如今提倡环保的社会，似乎真有点『肉食者鄙』的意味。

不过，说起来，似乎我们自出生以来，就带着好吃肉的先天基因，推究起来，可追溯到远古时代。

每天风餐露宿的先人们，生存都成问题，平素多食野菜草根，但是这并不能迅速地给他们补充体力，而高热量、高脂肪的肉类却可以。

如此，食肉的习惯便这样一代代地保留了下来。

鱼香肉丝

虽无鱼，然鱼味十足，
烹者有大智慧，食者实有幸焉

　　鱼香肉丝，因烹饪者巧妙地模仿四川民间烹鱼所用的调料和方法而制得，故虽无鱼形而具鱼味。

　　挂浆的猪肉滑炒后色泽透亮，口感嫩滑，又因为泡红椒（鱼辣子）的加入，给猪肉染上了一层鱼味，所以猪肉的香味混着鱼香，别有风味。香醋、白糖的调入使辣味来得相对温柔了一些，辣中有酸、甜，而且冬笋、黑木耳的加入，荤素搭配，有软有脆，有浓郁有清淡，肉丝质地鲜嫩、色泽红润，酸甜的酱汁裹着浓郁的肉香，还夹着鲜美的鱼味儿，食客们吃过后不得不对起初的烹饪者这"无中生有"的美食智慧和烹饪技法由衷佩服。

用料

猪通脊	300g
黑木耳	15g
水发冬笋	100g
蒜	3g
大葱	5g
泡椒	50g
泡姜	10g
生抽	10ml
香醋	15ml
白砂糖	10g
绍酒	15ml
水淀粉	30ml
盐	3g
油	30ml

做法

1. 猪通脊逆着肉的纹理，切成0.5cm粗的细丝，再把肉丝放入碗中，调入1汤匙水淀粉抓拌均匀，腌渍20分钟。

2. 水发冬笋洗净，取肉厚、质地脆嫩的中段外侧部分，切成0.5cm粗的细丝；黑木耳用冷水泡发，去蒂后洗净切丝备用。

3. 泡椒、泡姜、大葱、蒜分别洗净，切成碎末；在小碗中放入葱末、生抽、香醋、白砂糖、绍酒、盐和剩余部分的水淀粉调成芡汁备用。

4. 大火烧热炒锅，加入油烧至六成热，放入肉丝迅速划散，待颜色完全变白后盛出，沥干油分备用。

5. 炒锅中留底油，放入泡姜末、蒜末、泡椒末煸炒出红油，再将肉丝、冬笋丝和黑木耳丝放入其中翻炒片刻，最后淋入调制好的芡汁翻炒均匀就可以出锅了。

小贴士

▲ 淀粉的选择很重要，玉米淀粉会使勾出来的芡汁颜色更加透明有光泽，是最好的选择。调好味汁之后最好用筷子头蘸着试一下味道，根据个人口味再调整咸淡度。

▲ 猪里脊和猪通脊严格来说，并不是同一个部位，里脊更细小，口感也更嫩一些，但是过于细小的截面并不适于切成肉丝，所以通常会选用稍大一些的猪通脊来切配成肉丝。

小炒肉

椒、蒜佐之，肥而不腻，
最下饭，食之津津而后有乐道也

　　在湘菜中，有许多"小炒"的家常菜式，其食材用料简单，做起来也不复杂，但菜品的鲜、嫩、香、辣则是一个不少，小炒肉就是其中之一。

　　湖南人做小炒肉，通常将肉切得薄薄的，然后再下入油锅干煸，煸出其中多余的肥油，并以青蒜、尖椒等佐之。金黄酥焦的猪肉有红绿尖椒和青蒜点缀，其诱人的扮相，食者只看一眼，胃口便打开了几分。而香喷喷的猪肉吃到嘴里，酥中夹嫩，又混着一股辣椒和青蒜的香辣，真是让人过足了瘾。当然，这时必须备上一碗白饭，这样吃起来才畅快。

用料

五花肉	300g
青蒜	50g
绿尖椒	150g
朝天椒	5g
蒜	10g
盐	1g
绍酒	15ml
生抽	10ml
油	20ml

做法

1. 食材均洗净。五花肉放入冰箱冻至半硬，再切成长薄片；蒜切片；绿尖椒斜切成菱形片；朝天椒切碎；青蒜切成斜段。

2. 大火烧热锅中油，待烧至六成热时，将五花肉片平铺入锅中，待一面煎至金黄，再翻面同样煎成金黄色，待其中的大部分肥油被煸出，再盛出待用。

3. 用锅中的底油爆香蒜片，再放入绿尖椒和朝天椒翻炒片刻。

4. 将五花肉放入锅中快速拌炒均匀。

5. 在锅中放入青蒜，调入绍酒、盐和生抽，翻炒数下即可出锅。

小贴士

▲ 购买五花肉时，应尽量选择方正且较薄、肥瘦肉纹理清晰的三层五花肉，太厚的五花肉肥肉太多，做菜过于油腻而且不利于健康。用油煸炒五花肉时，肉皮部分会令油星四溅，要格外注意避免烫到手背。

▲ 绿尖椒和朝天椒都是比较辣的辣椒品种，如果有家人不能吃辣，可以酌情减少辣椒的用量，或者选用不辣的杭椒、柿子椒来烹调这道菜。

京酱肉丝

豆皮裹之，葱白辅之，
酸甜酱浸之，肉味三日而不绝

　　着有蛋清和淀粉的肉丝，保持了爽滑鲜嫩的口感；以甜面酱、番茄酱酱爆，吃上一口，浓郁酸甜的酱汁晕开了食者的舌尖，也丰富了肉丝的香味，同时吃起来又生出几许活泼，让食客们的味蕾得到放松。

　　当然，最地道的吃法，还是要夹上一筷子肉丝，配上几撇纤白的葱丝，然后再用金黄的薄豆皮包成一个卷儿，这样，豆皮的清淡、葱丝的辛辣衬着肉丝的嫩香，令舌尖上的酸甜变得清新了许多，无论是酱汁还是肉丝的味道都变得更加合口，而且口感也富有层次变化，食者就算多贪吃几分，也不会有腻味的感觉。

用料

猪通脊	250g	蛋清	50g
葱白	100g	油	250ml
淀粉	5g	（实耗	30ml）
甜面酱	30g		
番茄酱	5g		
绍酒	10ml		
白砂糖	5g		
豆腐皮	100g		

做法

1. 逆着猪通脊的纹理，切成 0.5cm 粗细的丝，放入碗中；将蛋清、淀粉和绍酒加入肉丝中，均匀腌渍 10 分钟。

2. 葱白洗净，先切成 6cm 长的段，再从中间剖开，然后稍稍按平，再切成细丝，码放在盘中待用；豆腐皮洗净，切成方片。

3. 中火加热锅中的油，待烧至五成热时，

放入肉丝迅速滑开，待肉色变白立即捞出，沥干油分。

4. 锅中留底油，大火烧热，放入甜面酱、番茄酱和白砂糖，改小火翻炒，炒至酱香扑鼻，并冒出小泡。注意别煳锅。

5. 改大火加入肉丝快速翻炒，使酱汁包裹住肉丝，最后将炒好的肉丝放入盘中的葱丝上，搭配豆腐皮食用。

小贴士

▲ 蛋清和淀粉可以很好地帮助锁住肉中的水分；滑炒肉丝时注意，火一定不要过大，油温也不能太高，时间不要太长，要用温油将肉丝滑熟。做到以上两点，就能保证肉丝的口感嫩滑。

金不换炒猪肉

肉味浓郁，又颇清新，
实在难得的『金不换』好味道

金不换，可药食两用。作为一种中药材，又名九层塔，因其有显著的补血功效，被明李时珍在《本草纲目》中唤作金不换；作为一种烹饪的香料，又名罗勒，其气味浓烈，有辛辣的回味，可去腥增香。

腌渍时加入的叉烧酱为猪肉注入了一份浓浓的海鲜味道，而辛凉的金不换则敛去了肉中的肥腻，还有红葱头的添入更是深化了猪肉的香味。总之，浓郁的肉香中还附着一层层的作料香味，慢慢地嚼，细细地品，让你的舌头好好地施展一下本领，一定不要错过这好味道。

用料

猪前尖肉	300g	白砂糖	5g
豇豆	100g	盐	1g
罗勒	20g	油	20ml
红葱头	10g		
蒜	5g		
朝天椒	5g		
叉烧酱	30g		
绍酒	15ml		

做法

1. 将猪前尖肉切成大块, 均匀地涂抹上叉烧酱, 腌渍 20 分钟, 使之入味; 豇豆洗净, 切成 3cm 的长段; 蒜、朝天椒和红葱头分别洗净, 切片备用。

2. 锅中放入油烧热, 将腌渍好的猪前尖肉放入锅中, 用小火慢慢煎至熟透, 为确保中间肉质熟透, 要保证肉的每个面都要煎到, 随后取出放凉后, 切成厚1cm 的片。

3. 以大火将炒锅中的底油烧至五成热，投入蒜、朝天椒和红葱头煸炒出香味。

4. 放入豇豆翻炒至变色，淋少许水，加盖焖2分钟，接着放入烤好的猪前尖肉。

5. 放入罗勒，调入白砂糖、盐和绍酒翻炒均匀，待罗勒变色即可出锅。

小贴士

▲ 猪前尖肉肥瘦相间，经过烹调后不会太柴也不会太腻，口感刚刚好。如果家中有烤箱，也可以用烤箱来烤制腌渍好的猪前尖肉，既省时又便于均匀加热。

糖醋排骨

琉璃光泽，嫩似鲜物，
食之口中酸甜，心头雀跃

　　浓郁红亮的酱汁给猪小排裹上了一层琥珀般透亮的色泽，白色的芝麻均匀地黏在上面，诱人的扮相吊足了食客的胃口。夹起一块，酱汁滞于唇齿间，酸甜行于舌尖，肉软烂又颇有嚼头，吃起来不油不腻。酸甜的味道总是让人想冲动地再多吃上几口，浓郁又明快的风味也让食者飘飘然。

　　曾见过一位好朋友在吃这道糖醋排骨时，一开始脸颊还挂着明媚的笑意，后来眼圈却渐渐红了。也许这一吃，进入了胃，也进入了心里，牵出了故人，带出了旧事，以致一时无法抑制内心的波澜了。

用料

猪小排	500g
香醋	30ml
老抽	15ml
绍酒	20ml
盐	2g
白砂糖	30g
油	20ml
大葱	10g
姜	10g
芝麻	1g

做法

1. 猪小排剁成 5cm 长的小段。锅中放入油烧热，将猪小排放入，用小火慢慢均匀地煎上色，再将猪小排捞出沥干油分。

2. 锅中留底油，倒入白砂糖，用小火慢慢翻炒，炒至白砂糖完全受热融化，并变成深褐色的糖色。

3. 将猪小排和姜片、大葱段放入锅中翻炒均匀，随后调入绍酒和老抽、盐。

4. 加入足量的水，以完全浸没过猪小排为准，大火烧沸后转小火加盖炖煮 50 分钟。

5. 打开盖子，转大火将余下的汤汁收稠，待汤汁渐少时烹入香醋，快速翻炒均匀，最后撒入白芝麻即可。

小贴士

▲ 猪小排中间的骨头比一般肋排中的骨头要细一些，肉质也更厚实一些，选用这个部位的排骨来制作糖醋排骨是最好的选择。

▲ 炒制糖色的时候一定要注意火候，万不可火力太大。白砂糖开始上色的时候，会变化得非常快，一定要不停地搅拌把握好时间点，及时放入猪小排，避免将糖色炒焦煳。

百叶结红烧肉

五花肉丰腴，百叶结味素，
互借味道成全彼此，终成上味

　　苏东坡在《食猪肉诗》中写道："慢著火，少著水，火候足时它自美。每日起来打一碗，饱得自家君莫管。"

　　细火慢炖中猪肉充分吸收了八角、茴香等作料的香味儿，厚厚的猪皮慢慢化为明胶，颇有弹性，其肉嫩滑，色红味醇，且酥烂而形不散。而后来下入的百叶结，既保持了本身的柔嫩，又吸收了一些肉汁，味道便多了几许浓郁。一荤一素，一酥烂一筋道，浓郁丰厚的红烧肉、清爽鲜香的百叶结在口腔中轮番展示着迷人的魅力，让食者的胃口深深地陶醉其间……

用料

五花肉	500g
百叶结	200g
老抽	20ml
绍酒	50ml
盐	1g
姜	10g
八角	1g
桂皮	3g
油	20ml
白砂糖	30g
大葱	20g

做法

1. 五花肉放入冰箱中冷冻半小时,再取出切成3cm见方的小块。

2. 中火加热锅中的油,待烧至六成热时,放入桂皮、八角、大葱段和拍散的姜块炒香,随后放入肉块小火煸炒,炒至肉块表面变熟。

3. 在锅中调入盐、绍酒、老抽和白砂糖,翻炒至肉块上色,呈鲜亮的酱红色。

4. 加入适量温水,大火烧开后盖上盖,改小火焖煮40分钟。

5. 加入百叶结,以大火将剩余的汤汁收浓,注意随时翻动避免粘锅,汁浓味厚时出锅即可。

小贴士

◢ 百叶结在一般的农贸市场都可以买到,也可以买来豆腐皮自己动手打成结。根据家人的喜好,改放泡发的腐竹或是豆腐,也都是非常不错的做法。

◢ 翻炒五花肉时,一定不要着急,保持小火的同时还要一直不停地翻炒,以保证每块五花肉的每个面都能均匀地受热,这样烧出的五花肉才能肥而不腻。

宫保鸡丁

颗颗饱满，香嫩合口，
给你一个放不下筷子的理由

　　宫保鸡丁，由清代四川总督丁宝桢所创，主要以鸡肉为食材，辅以花生米、黄瓜、红辣椒等烹制而成。其中，"宫保"是清廷念其为官有功而追赠的荣誉官衔。所以，写作"宫爆鸡丁"一词并无道理。

　　鸡丁先以盐、绍酒和淀粉腌渍再经油滑炒后，色红亮、形松散，质嫩弹牙；而将红辣椒、花椒干煸，鸡肉的鲜味在麻辣的渲染下更加张扬，从而大肆扫荡着食者的味蕾。再有酥脆的花生米、爽利的黄瓜丁搭配，有软嫩有脆韧，口感味道充满变化。有美食如此，怎能嗔怪食者一直不愿放下筷子？

用料

鸡胸肉	300g
葱白	50g
花生仁	80g
花椒	5g
干辣椒	8g
白糖	5g
米醋	10ml
酱油	10ml
盐	2g
水淀粉	20ml
绍酒	15ml
油	30ml

做法

1. 鸡胸肉切成2cm见方的丁，再调入盐、水淀粉和绍酒腌渍入味。

2. 葱白切成2cm宽的段，干辣椒剪成小段，花生仁用水浸泡后剥去红皮。

3. 锅中放入油，以小火将花生仁炸至微微上色，再捞出待用。

4. 将鸡丁放入锅中，用小火滑炒至熟，再捞出沥干油分。

5. 烧热锅中的底油，爆香大葱段、干辣椒段和花椒，再放入鸡丁，随后烹入米醋、酱油、盐、白糖、绍酒和水淀粉，再迅速翻炒至汤汁黏稠。最后放入炸好的花生仁拌炒均匀即可。

小贴士

◢ 炸花生仁的时候，火力不宜过大，待花生仁稍稍变色即可捞出，出锅后你会发现，花生仁的颜色还会稍稍变深一些。

◢ 滑炒鸡丁的火力要保持很小，用低油温将鸡丁烹熟，避免高温使鸡丁流失过多的水分，这样口感会变得老硬。

小鸡炖蘑菇

两种鲜材，简单炖之，
让冬日餐桌上充满阳光的味道

　　小鸡炖蘑菇，一道来自东北的家常菜，朴实中透着东北人特有的亲切和爽朗。杂食五谷和虫子的柴鸡肉质细嫩，其肉中透着原野的香味儿。新鲜的榛菇，经过晾晒干制后体内积聚膨胀着大量的鲜，隔着火、就着水，它的美味便会源源不断地化开。

　　借着这咕咕冒泡的汤火功夫，柴鸡、榛菇与土豆彼此以味切磋论道，同时有辣椒、葱、姜、盐、绍酒等作料的提味，其味道口感吃起来更佳。鸡肉的细嫩、榛菇的鲜美、土豆的软烂，无论夹起哪一块，都能令拘束的食客们，就此放下矜持，大快朵颐一番。

用料

柴鸡	1只	酱油	30ml
干榛蘑	100g	盐	1g
土豆	150g	油	20ml
大葱	10g		
姜	10g		
蒜	5g		
干辣椒	3g		
白砂糖	10g		
绍酒	20ml		

做法

1. 柴鸡去除内脏，清洗干净，剁成5cm见方的块，入沸水中焯烫去血沫，再捞出待用。

2. 干榛蘑用温水充分泡发，再冲洗去根部的泥沙；土豆去皮，洗净，切成滚刀块；大葱洗净，切斜段；姜洗净，切片。

3. 大火将锅中的油烧至六成热，放入鸡块翻炒，炒至鸡块变色，水分收干，放入

大葱段、姜片、蒜和干辣椒，炒出香味。随后放入榛蘑，再调入白糖、酱油和绍酒翻炒至鸡块颜色均匀。

4. 将足量的水加入锅中，以完全浸没过鸡块为准，大火烧沸后加盖以小火炖煮 30 分钟。

5. 放入土豆和盐，继续炖煮 20 分钟，烧至土豆熟透入味即可。

小贴士

▲ 柴鸡肉比普通的鸡肉香味更加浓郁，非常适合长时间同干菌菇类食材一起炖煮，但土豆却不宜过早放入，以免时间过长变得碎烂。浸泡过榛蘑的水中含有榛蘑的鲜香与营养，可以用来炖煮鸡肉，但要注意滗除容器底部的泥沙。

葱爆羊肉

羊肉稚嫩，泛着葱香，其鲜味得以深化而有无穷回味

葱爆羊肉若烹得好，食者吃到嘴里，羊肉的鲜如活物般生动而明晰，且各种辅料的味道也皆能用舌尖探得清清楚楚。

羊肉以淀粉、绍酒着衣腌渍，保证了其鲜嫩滑口的质感；以旺火爆之，使其肌肉纤维间距迅速地关闭收缩，从而便能锁住肉中的水分，所谓水在鲜存，这一抹鲜味自然便被拘了下来；以葱白佐之，取其辛辣以敛去羊肉固有的腥膻，而且这浓郁的葱香还可以深化羊肉的鲜味；最后香醋的淋入，使得淡淡的醋香成为点睛一笔。爆好的羊肉色泽油润、香气浓郁，吃上一口，汤汁裹着羊肉，其鲜美一直挑逗着食者的神经。食与被食间，渐生多少趣味……

用料

羊里脊肉	400g	绍酒	15ml
大葱	150g	香醋	5ml
蒜	10g	盐	1g
生抽	20ml	油	30ml
淀粉	15g		
白砂糖	5g		

做法

1. 将羊肉逆纹切成 0.5cm 厚的片，再调入淀粉和绍酒、生抽腌渍 10 分钟入味。

2. 大葱去根，剥去外皮，切成 5cm 长的斜丝；蒜切末。

3. 以中火加热锅中的油，待烧至五成热时，将腌渍好的羊肉片放入，大火快速拨散，

待羊肉表面变熟，再捞出沥干油分待用。

4. 锅中留底油，烧热后将蒜末和大葱丝放入爆香。

5. 将羊肉片放入，再烹入白砂糖、香醋和盐，大火翻炒均匀即可。

小贴士

▲ 羊肉片不宜切得太薄，否则在烹制时其中水分会快速流失，口感会变得干柴，失去羊肉原有的风味。

▲ 滑炒羊肉的时候油温不要太高，时间也不要太长，用最短的时间将羊肉滑熟，以保留羊肉中的水分，这样炒出的羊肉口感才会细嫩。

红酒烩牛肉

牛肉，西芹，胡萝卜，浓浓的红酒味，每吃一口都是幸福

　　小火慢炖中，红葱头和香叶敛去了红酒的涩味和牛肉的膻味；红酒的醇香浸润着牛肉，为其染上了浓郁的果酒香；且酒中的单宁酸又软化了牛肉，使其质地更为细致软嫩。而西芹、胡萝卜既装扮了菜色，又丰富了菜肴的口感。夹起一块软烂细嫩的牛肉，或是清脆的西芹和胡萝卜，美味从舌尖滑到喉头、胃里，一直行至心中，仿佛久旱逢甘霖，这份犒赏足可以封缄终日的诸多抱怨。还有浓郁的汤汁最适合浇在白饭上，拌一拌，大米的清纯谷香混着汤汁，味道比酱油拌饭要美上太多了。这就是美食，有美食的日子就是好日子。

用料

牛排	400g	红葡萄酒	800ml
红葱头	30g	盐	3g
西芹	100g	油	20ml
胡萝卜	100g		
香叶	1g		

做法

1. 牛排切成 4cm 见方的块；红葱头去皮洗净，切去两端；胡萝卜削去外皮，洗净，切滚刀块；西芹洗净，切斜段。

2. 锅中放油，以中火烧至六成热，把牛排块放入，将两面煎至上色。

12

3. 将红葱头、胡萝卜和西芹放入锅中一同翻炒片刻。

4. 锅中注入红葡萄酒，再放入香叶，大火煮沸后改为小火，盖上盖子，煨煮1小时。

5. 待汤汁渐少时，调入盐即可。

小贴士

◢ 牛排可以选择外脊或里脊，甚至也可以用牛仔骨代替。整个过程中完全用红酒来炖煮，不用额外添加水分，这样可以保持牛肉浓郁的风味。

鲜味十足

吃鱼、吃虾，就为那一口鲜味。

『鲜』就一个字，

还真有点云里雾里，总有种说不清道不明的意味。

其实，料理鲜物，不用大费周章，

只要简单烹调，味道就会非常美妙。

比如做海鲜料理，其本身同时兼备鲜和咸，

只需在除腥上下足功夫，其味道就足以见山水。

当然，不同地方的人有着不同的饮食习惯，

在『鲜』的基调上，

凭着独有的美食经验和智慧，

一道道海鲜、河鲜美食被烹调出来……

肆

清蒸武昌鱼

鱼肉鲜美，鱼汤浓香，
细细蒸出饮誉南北的佳肴

中国人烹鱼有各种各样的方法，不过最受推崇的还是清蒸。清蒸的妙处在于，其一能够较为完整地保持鱼的外形；其二，简单地修饰、调味，可以更加干净纯粹地呈现食材的鲜味。

武昌鱼，早在1700多年的三国时期就已饮誉南北，而毛主席一句"才饮长沙水，又食武昌鱼"更是令其名声大噪。以胡椒粉、盐腌渍提升了鱼的鲜味，葱、姜和绍酒则收去了鱼的腥味，清蒸之，直白地表达着鱼的美味，鱼皮嫩白有弹性，鱼肉细似透着水的南豆腐，味道美如蟹肉，汤汁浓郁鲜香。即便如此，依然要忍着大快朵颐的冲动，因为夹起一小口细细地品尝才能更好地领略其鲜。

用料

武昌鱼	1 条
大葱	10g
姜	10g
朝天椒	5g
盐	1g
白胡椒粉	1g
蒸鱼豉油	40ml
绍酒	20ml
油	20ml

做法

1. 武昌鱼宰杀干净，去除内脏，将鱼头剁下，腹部朝外，将背部均匀地切成 1cm 宽的条，但要保证腹部相连不断，切好后均匀地抹一层盐和白胡椒粉，腌渍 20 分钟。

2. 大葱洗净，切细丝；姜削去外皮，洗净切丝，放入冷水中浸泡；朝天椒洗净，切碎。

3. 将武昌鱼呈孔雀开屏状摆入盘中，再淋入绍酒，放入蒸锅中，用大火蒸 12 分钟。

4. 取出淋入蒸鱼豉油，撒入大葱丝、姜丝和朝天椒碎。

5. 将油烧热，淋在大葱丝和姜丝上即可。

小贴士

▲ 切配武昌鱼时，背部脊骨较硬，建议用剁骨刀来切割，这样会比较省力，但要注意不要将腹部的肉切断，否则就不能摆成孔雀开屏的造型了。最后淋入油的油温要足够高，这样才能将大葱和姜丝的香味激发出来。

白灼虾

虾肉味美，智而灼之，始成一场乐此不疲的捉『鲜』记

海白虾其天生便具有咸味和鲜味，只要稍作处理，就能呈现其美味。尚鲜的广东人深谙其道，故用米酒、葱和姜等简单作料去除虾肉的海腥味，并以白水灼之。

白灼虾，毫无疑问，虾是绝对主角，不过蘸料也不可或缺。蘸料并不复杂，将适量盐、生抽、麻油和胡椒粉混合拌匀即可。有了它，这虾子的味道也变得洒脱起来。一层鲜香裹着洁白紧实的虾肉，因为虾肉有弹性的缘故，这鲜香便随之在舌尖活泼了起来，挑逗着口腔的每一寸味觉神经。想必即使是虾子已被吃完，这一场捉"鲜"记的帷幕也是舍不得拉下来的吧。

用料

海白虾	300g
盐	1g
胡椒粉	1/2g
生抽	30ml
麻油	10ml
姜	10g
米酒	20ml
香葱	10g

做法

1. 海白虾剪去须脚，冲洗干净。

2. 在小碗中调入盐、胡椒粉、生抽和麻油混合成调味汁。

3. 香葱洗净，打成结；姜削去外皮，洗净，拍破待用。

4. 锅中加入足量的水，放入米酒、香葱结和姜，大火烧沸后，放入海白虾。

5. 待水再次烧沸，海白虾完全变成红色时，快速将海白虾捞出，用冷水冲凉，以保持虾肉的紧致弹性，再搭配调味汁蘸食即可。

小贴士

◤ 白灼虾要想好吃，最重要的一点就是要新鲜，最后保证在下锅前虾都是活的。其次汆煮好后马上浸冷水也十分关键，如果有条件的话，在水中加入些冰块效果更好，这样虾肉口感会更加有弹性。

粉丝蒸扇贝

粉丝筑巢，卧有鲜贝，
其味实嘉，众乐乐不如独乐乐也

　　苏东坡曾云："荔枝厚味高格两绝，果中无比，惟江瑶柱河豚鱼近之耳"。其中瑶柱便是扇贝。以其挚爱的荔枝打比方，由此扇贝的美味亦可见一斑。

　　以蒜蓉、葱、姜等蒸之，既敛去了扇贝的海腥味，又给其裹上了一层淡淡的清香，能够让食者的味蕾神经得到放松。丰腴洁白的扇贝肉搭配细滑的粉丝，爽利轻盈的口感令食者生出一派悠然，食材的鲜味徐徐地流于舌尖，安静细致地品尝，让原本含糊的风味变得明晰起来，美食带来的愉悦感便油然而生。

用料

扇贝	5只
粉丝	20g
蒜	5g
朝天椒	5g
香葱	10g
生抽	10ml
麻油	10ml
绍酒	10ml

做法

1. 扇贝用小刀贴着一侧外壳的内壁剖开，剔除中间的内脏和黑色杂质，保留扇贝肉和裙边，用清水冲洗干净。

2. 粉丝放入温水中泡软，再用剪刀剪成5cm长的小段，洗净。

3. 蒜洗净，剁成蒜末；香葱洗净，切碎；朝天椒洗净，切碎待用。

4. 取少许粉丝放在扇贝壳中，再将扇贝肉和裙边放在上面。

5. 调入蒜末、朝天椒碎、绍酒、生抽和麻油，放入蒸锅中大火蒸5分钟。

6. 取出撒入香葱碎即可。

小贴士

▲ 挑选扇贝时，一定要选择外壳紧闭的扇贝，如果上下外壳已经张开，用手压按也不会立刻闭紧的就是已经死掉的扇贝，不要购买。另外，扇贝中的泥沙较多，贝肉的缝隙间一定要仔细清洗干净。

豉汁蒸鱿鱼

蒸至清白，浇以豉汁，嫩滑的口感让其鲜味肆意发挥

一种食材，由于烹者的发挥，能生出不同的风味。日本流行铁板烧鱿鱼，韩国则爱酸辣酱鱿鱼；嗜辣的四川人以朝天椒、花椒等以旺火爆炒鱿鱼，而尚鲜的广东人在烹饪时好用豆豉以蒸法来烹鱿鱼。

清蒸过的鱿鱼色泽透亮、肉质细密嫩滑，咀嚼于唇齿间，柔软而有微微跳跃的质感。淡淡的酒香，温开了食客局促的舌尖。因为有浓郁的豆豉微微渗入，所以鱿鱼肉的清香夹着淡淡的豉香行于口腔中，愉悦着食者的味蕾。有如此美味的鱿鱼，你还犹豫什么！

用料

鱿鱼	1 条	麻油	10ml
绍酒	10ml	香葱	10g
姜	10g		
豉汁	30ml		
胡椒粉	1g		

做法

1. 将鱿鱼去除内脏，切去鱿鱼头，撕去表层外皮，再将鱿鱼身切成 2cm 宽的段。
2. 姜削去外皮，洗净，切成细丝，香葱洗净，切成葱花。

12

3. 鱿鱼放入盘中，调入绍酒、胡椒粉和姜丝，再放入蒸锅中，大火蒸 8 分钟。

4. 取出盘子，在鱿鱼身上淋入麻油和豉汁。

5. 再撒入香葱花即可。

小贴士

◢ 注意贴着鱿鱼肚子内壁的一侧与内脏连接的部分有一根软软的透明鱿鱼骨，在清理内脏的同时也要将这根骨刺抽出来，再进行切配。

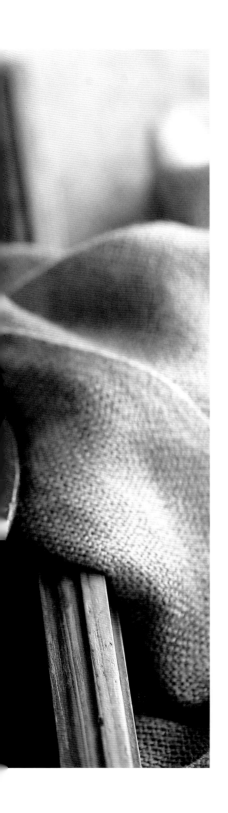

葱姜炒蟹

蟹肉嫩白，蟹黄丰腴，
食者定要一番感谢这秋风

　　诗仙李白曾诗云："蟹螯即金液，糟丘是蓬莱，且须饮美酒，乘月醉高台"。啖一口蟹肉，生出一抹鲜，行于口中，驻于心中。于是，秋风一吹，吹得蟹膘肥、蟹脚痒，也吹得贪嘴食客们的胃口直犯痒痒。

　　其实，烹饪螃蟹不必麻烦。自古以来，人们就说蟹肉有四味，大腿肉、小腿肉、蟹身肉和蟹黄各走一味。以葱、姜等作料调味，蟹肉的鲜美便有一发不可收之势。蟹肉嫩白鲜香，蟹黄丰腴鲜香有回甘，兼备了"五色""四味"的螃蟹，其美味必须要吃一回才深刻。

用料

花蟹	2只	绍酒	20ml
大葱	30g	油	200ml
姜	30g	（实耗	40ml）
淀粉	100g		
胡椒粉	1g		
盐	1g		
生抽	10ml		

做法

1. 姜削去外皮，洗净切碎，大葱洗净，先切成细丝，再剁碎。
2. 花蟹打开上盖，去除内脏，再从中间剁成4瓣。
3. 分别在蟹块上均匀地蘸上一层淀粉，尤其是切口断面的部分，一定要蘸满淀粉。

4. 锅中放入油，大火烧至七成热，再将蟹块放入，用中火炸至蟹块完全变成红色，随后捞出沥干油分。

5. 锅中留底油烧热，放入大葱碎和姜碎爆香，随后放入蟹块翻炒。最后在锅中调入绍酒、盐、胡椒粉和生抽拌炒均匀即可。

小贴士

▲ 要做好这道葱姜炒蟹，第一需要大量的葱、姜，第二要煎出葱、姜的辛香味道。要想煎出葱、姜的辛香味，一定要小火、慢煎，直到葱、姜的表面微黄。这样才能令葱、姜的辛香散发出来，炒出的蟹块才会美味。

辣炒花蛤

嫩滑入口，麻辣鲜香，
这一大盘牵出了多少豪言与诳语

夏日的夜晚，街边大排档必定少不了它的身影。一大盘辣炒花蛤，一打啤酒，几个人围坐一桌，有吃，有喝，也有插科打诨，好不畅快。

关于花蛤的美味，民间有"吃了蛤蜊肉，百味都失灵"的说法。蛤蜊是统称，花蛤是其中一种。花蛤本身极鲜，不需要过多的香料调味，也不需要花哨的烹饪，便能成一道美味。当然，葱、姜是必备，可敛去花蛤让多数人消受不了的腥味；而紫苏和辣椒则是很好的引子，香辣唤醒了食者的味蕾，从而便能够更好地体会到花蛤的鲜嫩和美味。曾有幸见过"没出息"的吃货，意犹未尽后从盘中捡起一蛤壳，淡定地舔了一口。这境界，令人咋舌……

用料

花蛤	400g	米酒	20ml
大葱	10g	生抽	30ml
姜	10g	水淀粉	30ml
蒜	10g	紫苏叶	30g
干辣椒	10g	油	30ml

做法

1. 花蛤放入清水中浸泡半天，随后冲洗干净，去除泥沙和杂质，再充分沥干水分。

2. 大葱洗净，切斜片；蒜剥皮，拍破；姜削去外皮，洗净拍破。

3. 锅中放入油，以中火烧至五成热，放入

大葱、姜、蒜、干辣椒爆香。

4. 放入花蛤以大火快速翻炒至花蛤开壳。

5. 调入米酒、生抽和水淀粉，再下入紫苏叶拌炒均匀即可。

小贴士

▲ 紫苏叶入菜的作用是提香，只需稍稍加热便可使其香气融入花蛤中，故一定要最后加入，避免加热过度变得软烂。

▲ 花蛤中的泥沙较多，有时间的话，最好提前浸泡 12 小时以上，令其充分吐净泥沙再烹饪。

韭菜炒墨鱼

一份墨鱼，一把绿韭，
其色实清，其香实浓，其味实鲜

　　在民间有《四鲜歌》，歌曰："头刀韭，谢花藕，新娶的媳妇，黄瓜纽。"头刀韭，即春韭，是韭菜最鲜最嫩的时候。

　　墨鱼肉细嫩柔软，口感爽弹；韭菜清鲜脆嫩，且有辛辣味，两种食材皆具有颇为鲜明的"个性"，搭配得似乎颇为默契，毫无突兀之感。韭菜的辛辣敛去了墨鱼的海腥味，而墨鱼的鲜味则让韭菜的味道则来得更为温柔，如此再以简单的作料调味，韭菜的脆嫩、墨鱼的清鲜都得到了更好的发挥。有如此美食，食者自会得意非凡！

用料

墨鱼	200g
韭菜	100g
姜	5g
绍酒	10ml
盐	1g
白胡椒粉	1g
油	20ml

做法

1. 韭菜择洗干净，沥干水分，切去根部，将韭菜叶切成5cm长的小段；姜削去外皮，切成细丝。

2. 墨鱼去除内脏，冲洗干净，将墨鱼斜刀切成1cm厚的片。

3. 锅中放入足量的热水，大火烧沸后，将墨鱼放入其中焯烫30秒，再捞出沥干水分。

4. 以中火将锅中的油烧至五成热，将姜丝放入煸炒出香味，再将墨鱼倒入翻炒5秒钟。

5. 调入绍酒、韭菜、盐和白胡椒粉拌炒均匀即可。

小贴士

◤ 提前将墨鱼烫熟，是为了在烹炒时，墨鱼不会额外析出过多的水分，影响成菜的口感，所以在烹炒时就不要加热太长时间了，以免墨鱼口感变得老硬。

毛蟹炒年糕

蟹肉香嫩，年糕清甜，如此组合为食者平添多少食趣

　　上海人烹菜颇讲究精致，再普通的食材，一经他们的手，便会生出另一重模样来，比如毛蟹炒年糕。炒年糕，是上海人家中常备之物，既可以单独作为点心，又可以搭配其他食材烹制成菜肴，比如塔菜冬笋炒年糕。而毛蟹，又称六月黄，即农历六月时未完全成熟的大闸蟹，个头虽小，却膏黄肥美。

　　有毛蟹这样的河鲜之物搭档，软糯的年糕片在烹饪中赚足了毛蟹的鲜味，而蟹肉的鲜中又带有清甜的糯米香，相得益彰下成就了这一份特色美味。糯香和着蟹鲜一齐讨好着食者的味蕾和心情，自然是再美妙不过了。

用料

毛蟹	2只
年糕	200g
豌豆	50g
白胡椒粉	1g
绍酒	15ml
酱油	40ml
淀粉	100g
白砂糖	20g
大葱	10g
姜	10g
油	100ml
（实耗	40ml）

做法

1. 年糕切成0.5cm厚的薄片；大葱洗净，切碎；姜去皮洗净，切末。

2. 锅中放入适量热水，大火烧沸后将年糕片放入，小火煮制3分钟，然后取出待用。

3. 毛蟹洗净，掀开上盖，去除内脏，斩成4瓣，再均匀地裹上一层淀粉。以中火将锅中的油烧至五成热，放入毛蟹炸至呈微红色，然后取出，沥干油分待用。

4. 锅中留底油，烧热后放入大葱碎和姜末爆香，随后放入毛蟹，以大火翻炒片刻，调入绍酒、酱油、白砂糖、盐和白胡椒粉。

5. 放入年糕和豌豆拌炒均匀，转小火将汤汁收稠即可。

小贴士

▲ 注意毛蟹炒年糕选用的大闸蟹一定要是活的，已经死了的螃蟹不能食用。

红烧带鱼

带鱼实香，浓汁裹之，
是多少人念念不忘的家常味

　　带鱼，是我们常吃的一种海鱼，除了中间的脊骨外，周身无细刺儿，所以食用时不必因为过于小心翼翼而徒生麻烦。烹饪带鱼有多种技法，如清蒸、干炸以及红烧等。当然，单就喜好而言，不少人更喜欢吃红烧带鱼。

　　带鱼，先经油炸，后入锅炒，再以收汁起锅，一番浓郁的汤汁裹着鱼肉送入口中，因为有醋和绍酒，汤汁虽浓，却不起腻，温柔地包围了舌尖；而鱼皮酥脆，鱼肉肥嫩，味道之鲜美更是令食者大开嘴界。毕竟，脊骨一剔去便再无其他负担，只有多动筷子，多吃几口才是食之大事。

用料

带鱼	500g
大葱	10g
姜	10g
蒜	10g
花椒	5g
盐	1g
酱油	30ml
醋	10ml
绍酒	30ml
白砂糖	10g
油	100ml
（实耗	30ml）

做法

1. 带鱼去除内脏，剁除鱼头洗净，切成 6cm 长的段，用盐腌 15 分钟，然后沥干水。

2. 大葱洗净，切成段，姜和蒜分别洗净，切片备用。

3. 以中火将锅中的油烧至六成热，放入带鱼，炸至两面呈金黄色，再捞起沥干油分。

4. 锅中留少量油，放入大葱、姜片、蒜片、花椒炒香，随后放入带鱼段。

5. 烹入绍酒、酱油、白砂糖和盐，再加入适量水，大火烧沸后转小火慢慢将汤汁收稠，最后淋入醋即可。

小贴士

◢ 现在市场上可以买到冰冻的带鱼了，因为新鲜度很高，所以烹饪前并不需要刮去表面银色的鱼鳞。

鲫鱼豆腐汤

豆腐、鲫鱼和奶白的汤，多来几口，粉红便悄悄爬上脸颊

在我的记忆里，冬天里老妈总爱去市场上买来一条鲫鱼，再顺便带上一块豆腐用来煲鱼汤。其一，老想着给我补钙；其二，也是图着鲫鱼的价格便宜。其实，煲鲫鱼汤并不麻烦，食材就鲫鱼和豆腐而已。不过，鲫鱼在上锅炖之前，宜先放入平底锅滑油煎一下，这样鱼肉定了形，炖制时鱼肉便不易散脱，而且汤色也会因此变得奶白浓郁。

奶白的鱼汤中，鱼肉和豆腐交换着彼此的味道，鱼鲜混着豆香，浓郁中带着清淡，简简单单的菜肴，不简单的味道。相比吃鱼肉，有人更愿意喝鱼汤，一碗下肚，热气升腾，整个人都变得精神了许多，那躁动的胃也由此变得服帖起来。

用料

鲫鱼	1条	盐	1g
豆腐	150g	白醋	10ml
大葱	5g		
姜	5g		
香菜	10g		
油	20ml		

做法

1. 鲫鱼除去鳞、内脏，清洗干净，如果鲫鱼较大，可将鱼切成 5cm 宽的段。

2. 豆腐洗净，切成 5cm 长、1cm 厚的方片；大葱洗净，切斜片；姜削去外皮，洗净切片；香菜洗净，切小段。

3. 以中火将锅中的油烧至六成热，放入鲫

12

鱼、大葱和姜片，将鲫鱼双面均煎上色。

4. 加入 800ml 水，烧沸后加入白醋，再转中火煮制 10 分钟。

5. 将豆腐放入锅中，再煮 10 分钟，至汤色转白后调入盐。将汤盛入大碗中，上面撒上香菜段即可。

小贴士

▲ 要用油将鲫鱼完全煎透，再用中火甚至大火熬煮，这样制成的鱼汤才会味道鲜美，颜色奶白。

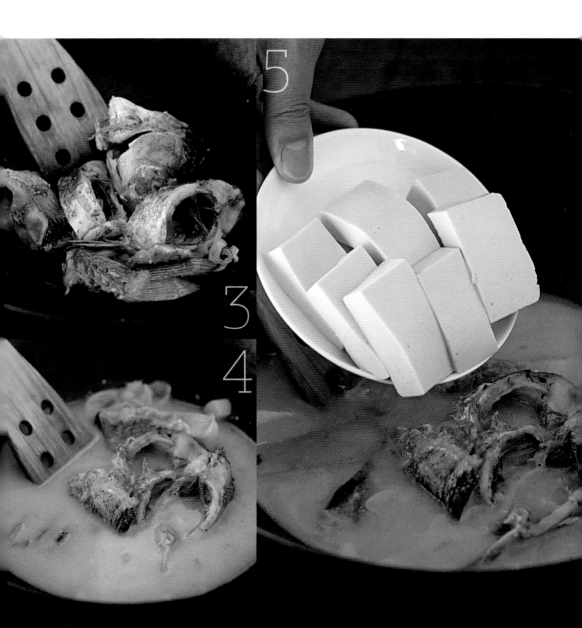

伍

蔬食有方

袁枚在《随园食单》中写道：『菜用荤素，犹衣有表里也。』无论荤食还是素食，都凭着各自的魅力获得了大量的拥趸。而且《内经》讲『五菜为充』，说明了进食蔬菜的必要性。

所以，好养生、善烹食的中国人，依着蔬菜的个性，简单地搭配、调味和烹饪，做出了丰富多样、各具风味且清、爽、脆不减的菜肴。

有蔬食几道，惟清惟鲜。为君子者，每每多食！

蒜蓉西蓝花

绿意盈眼，脆嫩爽口，
夹一筷头，十分美味又健康

西蓝花，内地人又习惯称之为花椰菜、绿菜花，而香港人则叫它椰菜花。其原产于地中海东北沿岸，于19世纪末传入中国。作为一种西式料理食材，起初它只在上海等地栽植，也仅限于西式餐厅，到如今已变成中国老百姓的常用食材，融入了中国人的生活。料理它的方式，也从西式的焗法变为了中式的炒法等。

西蓝花，通体碧绿，质地脆嫩，以辛辣的蒜蓉佐之，能够更好地逼出其中的青涩味道。旺火快炒，不仅西蓝花的清新色泽既得到了保持，其脆嫩的口感也得到了极好的发挥，并以红彩椒搭配，色泽显得更加明快，口感清新，食之给人一种清新的愉悦之感。

用料

西蓝花	300g
蒜	10g
姜	5g
红彩椒	20g
盐	2g
鸡粉	1g
油	20ml

做法

1. 西蓝花切去根部，用小刀分成小朵，洗净。

2. 姜削去外皮，同蒜分别剁切成末；红彩椒洗净，切碎待用。

3. 汤锅中加入足量的热水，加入1g盐，大火烧沸后，将西蓝花小朵放入锅中，焯烫1分钟，随后捞出，沥干水分待用。

4. 炒锅中放入油，炖至五成热，放入蒜末、红彩椒碎和姜末爆出香味。

5. 放入西蓝花小朵翻炒片刻，最后调入盐和鸡粉拌炒均匀即可。

小贴士

◢ 西蓝花的质地比较干硬，用水焯烫后再炒制，既节省时间又便于入味。焯烫西蓝花的时候，在水中加少许盐，可以令西蓝花的颜色更鲜艳好看。

荷塘小炒

取素朴材，为清凉意，一去秋燥，二解昏寐，三得悠然

　　秋起易生燥，讲究养生的广东人好为食以清补，荷塘小炒便是其中之一。观其菜名，中间必有秋藕。民谚有"荷莲一身宝，秋藕最补人"，秋天的莲藕，非常水灵，吃起来清清爽爽，还夹带一丝淡淡的甜味，用于烹饪再好不过。

　　荷塘小炒以"清补"为要旨，除了莲藕外，可随意搭配其他食材。以马蹄、白果、西芹、红彩椒和黑木耳搭配，色彩有红、白、绿、黑，缤纷而明快，口感清爽又各有变化，而且其营养也颇为丰富。国人常讲"药食同源"，这道荷塘小炒，不仅仅是一道美味，还是非常健康的养生菜。如此，不仅愉悦了食者的味蕾和胃口，而且有益于食者的身体，岂不妙哉？

用料

马蹄	30g
白果	20g
藕	50g
西芹	50g
红彩椒	20g
黑木耳	10g
山药	50g
盐	2g
姜	5g
绍酒	15ml
鸡粉	1g
水淀粉	20ml
油	20ml

做法

1. 分别将马蹄、藕和山药削去外皮洗净。
2. 将马蹄、藕、山药切成片；红彩椒和西芹洗净，切成菱形片。
3. 黑木耳用温水泡发洗净后，摘去根部；姜削去外皮，切成姜末。
4. 将油放入炒锅中，烧至五成热，放入姜末爆香，随后放入马蹄、西芹、藕、山药、黑木耳、红彩椒和白果翻炒片刻。
5. 在锅中调入盐、绍酒、鸡粉和水淀粉，翻炒均匀即可。

小贴士

▲ 山药的黏液对皮肤有很强的刺激作用，令人瘙痒难忍，故削山药皮时，要十分小心，不要让削了皮的山药碰到皮肤上。

香菇油菜

油菜、香菇，其质厚，细细咀嚼，方能寻到清鲜之意

　　苏州人烹菜很讲究，无论荤菜还是素菜，即使再简单，也总是带着一种清韵，比如香菇油菜。

　　香菇，又称香蕈、冬菇，是一种生长在木材上的真菌，在民间素有"山珍"的称号。香菇肉较为厚实，以油滑炒，口感上既有近似于肉的丰腴，又有跳脱于肉的鲜味，与碧绿脆嫩的油菜搭配，并淋入水淀粉收汁，色泽清润透亮，口感也更为顺滑，细细咀嚼，有香菇的鲜美和着油菜的清新，如丝般涓涓滑过口腔，不多不少，不疾不徐。香菇油菜，其菜简单，其味却不简略，无论是嗜荤者还是食素者，食之，都是一次很妙的体验。

用料

香菇	100g
油菜	150g
姜	5g
酱油	20ml
水淀粉	20ml
麻油	10ml
鸡粉	1g
盐	1g
绍酒	10ml

做法

1. 将香菇切去根蒂，剖成四瓣，洗净；油菜去根和外层的老叶，洗净；姜削去外皮，洗净切末。

2. 汤锅中加入足量的热水和盐，大火烧沸后放入油菜焯烫1分钟，再捞出摆入盘中。

3. 将香菇放入锅中焯烫1分钟，再捞出沥干水分待用。

4. 锅中放入麻油，爆香姜末，再将香菇放入翻炒片刻。

5. 在锅中调入酱油、绍酒、鸡粉和水淀粉，将汤汁收稠，盛入盘中即可。

小贴士

▲ 焯烫油菜的时候，放些盐在水中，不但能够使油菜提前入味，还能令其颜色更加鲜艳翠绿。

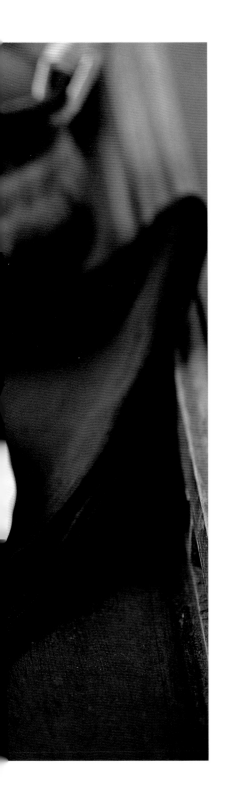

豆豉苦瓜

爽口苦瓜，煨以豆豉，
丢了诸苦头，多了几许清香味

　　苦瓜，又称凉瓜，原产于印度尼西亚和欧洲，宋朝时传入中国。其作为夏季蔬菜，起初在广东、广西两地栽植，如今在各地皆有种植。

　　所谓"酸甜苦辣咸"，苦虽是五味之一，但并非所有人都乐于消受。当然，对于长于烹饪的中国人来说，"苦"中作乐并不是难事，或配以辣椒，或配以豆豉，都是相当妙的方法。有了豆豉的提味，苦瓜的苦在淡淡豉香中变得温柔了不少。之前为了躲避它的苦，食用时不免有些匆忙和草率，而现在，食者则可以慢慢品尝，在脆嫩中细细体味出它常常被忽视的清香和魅力。

用料

苦瓜	300g	盐	1g
豆豉	5g	油	20ml
红彩椒	50g		
蒜	5g		

做法

1. 苦瓜对半剖开，挖出苦瓜籽洗净，再切成 5cm 长、1cm 宽的长条。

2. 红彩椒洗净，切成与苦瓜大小相同的条；蒜剁成蒜末；豆豉切碎。

3. 炒锅中放入油，烧至五成热，爆香蒜末

和豆豉，随后下入苦瓜，用中火煸炒，炒直至苦瓜微微变软。

4. 在锅中放入红彩椒条，用中火翻炒1分钟。

5. 调入盐拌炒均匀即可。

小贴士

▲ 这道菜的烹调要点在于，要用适当的火力，耐心地将苦瓜干焙透，让苦瓜中大量的苦味随着热气带出来，只留下少许的苦味，再进行适度地调味即可。

鱼香茄子

七分鱼形，十分鱼味，
成就『无中生有』的家常美味

　　四川人长于烹饪，深谙五味调和，推出了一道道富有创意的菜肴，其中具有代表性的就有鱼香系列菜式，包括鱼香茄子、鱼香肉丝、鱼香豆腐……

　　将茄子切成长条，裹上淀粉过油炸，炸至色泽金黄，便成了鱼状；而剁椒、糖等辅料则调出了鱼的香味，有鱼形又有鱼味，诚然一副鱼肴的态势。茄子表皮过油而略有焦酥质感，里面的茄子肉却依然嫩白软糯，浓浓的鱼香味又不失其作为蔬菜的清香特质。流连于这一浓一淡间，食者品味着这虽无鱼，而倍有鱼味的独特，也品味着这菜式背后烹饪者的生活智慧。

用料

长茄子	300g	生抽	20ml
青椒	30g	绍酒	20ml
蒜	5g	水淀粉	20ml
姜	5g	油	100ml
剁椒	20g	（实耗	30ml）
糖	5g		
盐	1g		

做法

1. 长茄子和青椒分别洗净，切成5cm长、1cm粗的条。

2. 姜和蒜切碎，水淀粉中调入盐、糖、绍酒和生抽，混合均匀。

3. 炒锅中放入油，中火烧至六成热，将茄子放入锅中，炸至表面微微上色，再捞出沥干油分待用。

12

4. 锅中留底油烧热，放入姜、蒜和剁椒爆出香味。

5. 在锅中放入茄子和青椒翻炒数下，再调入混合好的水淀粉，以大火将汤汁收稠即可。

小贴士

▲ 炸茄子时，起初会非常吸油，不要着急，因为慢慢的，随着茄子逐步炸熟，你就会发现油又一点点地渗透了出来，这时候再将茄子捞出，油就又留在锅里了。

西芹百合

西芹脆爽，百合清甜，缀以枸杞，足以吊起食客胃口

在我国，以鲜花（或干制后）入馔已有很悠久的历史，其中最著名的莫过于屈原在《离骚》中诗云："朝饮木兰之坠露兮，夕餐秋菊之落英"。而将百合入肴，早在南北朝时期便已成为风俗。烹饪百合有多种方法，如蒸、炸、炖、炒等。

百合白嫩、西芹清脆，以两者作为主食材来烹饪，不需要太多的作料去修饰，仅以盐和鲜味作料即可，如此才能突出食材原有的爽嫩口感和清鲜味道。此外，在百合、西芹的青与白之间，又有枸杞子红的点缀，其色相已足够吊起食客们的胃口。所以，无论其外表还是味道，足以令人为之着迷。

用料

西芹	300g	姜	5g
鲜百合	30g	鸡粉	1g
枸杞子	5g	油	20ml
盐	1g		
水淀粉	20ml		

做法

1. 西芹洗净，用削皮刀削去外侧老筋，再斜刀切成菱形片。

2. 鲜百合切去根部和顶端，剥去外层老瓣，将中间的嫩心掰成小瓣洗净。

3. 枸杞子用温水浸泡至完全泡发，洗净；姜削去外皮，切末。

4. 锅中放入油，以中火烧至五成热，放入姜末爆香，随后放入西芹翻炒片刻。

5. 放入百合，再调入盐和鸡粉拌炒均匀，最后放入枸杞子，调入水淀粉将汤汁收稠即可。

▲ 百合特别鲜嫩，一定要最后再放入，因为过度加热会使其很快变黑。

▲ 泡发后的枸杞子可以直接食用，不宜过度加热，故在出锅前再放入即可。

醋熘白菜

酸酸辣辣，清脆适口，
是冬日里北方人青睐的菜肴

　　白菜，对于北方人来说，实在是再熟悉不过了。在清贫的年代里，因为白菜既有营养又价格低廉，所以一般的家庭都会备上一垛白菜来过冬。于是，这一日三餐中几乎或多或少的都有白菜的影子。在这千篇一律的白菜菜肴中，能吃出一点心意、吃出一丝美味的便是醋熘白菜。

　　白菜本身带有一丝酸味。若是新鲜的，烹制后淡淡的酸味会给人一种愉悦感；若是囤积久了，酸味就浓郁了起来，白水煮后味道就不合口了。醋熘白菜最精彩之处在于，明明在炒制中加了醋，但酸味却恰到好处，白菜的口感也因此更加爽脆，而且因为有干辣椒的调入，所以酸爽中带着一股辣味，其味道足以安慰食者挑剔的胃口。

用料

白菜	300g
干辣椒	5g
花椒	3g
姜	5g
蒜	5g
大葱	10g
香醋	20ml
盐	1g
白砂糖	10g
酱油	20ml
水淀粉	20ml
油	20ml

做法

1. 将白菜帮洗净，用刀斜切成片，以增大白菜帮切口的横断面，这样更便于烹调时入味，白菜叶切大片；姜和蒜切末；大葱洗净，切斜片。

2. 锅中放入油，以中火烧至五成热，放入干辣椒、花椒、姜、蒜、大葱爆香。

3. 将白菜放入锅中，用中火翻炒片刻，稍稍炒软。

4. 在锅中调入酱油、白砂糖、盐和香醋翻炒至白菜完全塌软。

5. 调入水淀粉，改大火将汤汁收稠即可。

小贴士

◤ 白菜一定要充分炒透炒软，吸足调料中的酸甜辣咸味才好吃。可以根据个人的喜好，灵活调整白菜帮和白菜叶的比例。

腐乳空心菜

小簇青菜，腐乳勾之，
一则碧色不减，二来香味更浓

　　腐乳，又称豆腐乳，即把成形的豆腐发酵加工成乳状，其形与奶酪类似，西方人称之为"中国奶酪"。以颜色而论，腐乳有青、红、白之分，其中白腐乳清淡、细腻、绵软，取之烹菜的好处便是，菜色不减，而香味徒增，所以广东人非常偏爱它。

　　空心菜色泽翠绿，以白腐乳调味，不仅不会因为过分修饰而影响空心菜的色泽和味道，而且其提味的作用恰到好处，使得空心菜的口感更加脆爽，味道更加细腻，当然还夹着腐乳那特别的味道，贪吃的食客们一定不要错过这道菜。

用料

空心菜	300g
青椒	100g
白腐乳	20g
绍酒	20ml
蒜	5g
盐	1g
油	20ml

做法

1. 空心菜洗净，切成长 10cm 的段；青椒洗净，切成丝；蒜洗净，切成蒜末。
2. 在白腐乳中调入绍酒，再充分搅拌均匀，调和成酱汁。
3. 锅中放入油，以中火烧至五成热，放入蒜末爆出香味。
4. 放入空心菜和青椒丝翻炒至塌软。
5. 调入白腐乳酱汁，再撒入盐拌炒均匀即可。

小贴士

▲ 白腐乳多见于南方地区，相对于北方常见的红腐乳来说，可以理解为没有加入红曲的腐乳，更多地保留了腐乳的原味和本色。

红烧冬瓜

一块冬瓜，酱油红烧，肉之腴、虾之鲜、蔬之清俱全也

冬瓜水分多、肉厚实，以油炒之，便生出一股肉味。而将冬瓜红烧，无论是其因为酱油的浓郁渲染，或是其入口即化的软糯口感，或是其丰厚的味道，吃起来都颇有几分红烧肉的味道。而一把海米的添入更是神奇之笔，淡淡的海鲜味深化了冬瓜的口感。

当然，最精彩之处在于，由于食材富含水分，其中仍有原本的清甜之味，吃起来一点也不油腻糊嘴。吃到最后，你可以拿一块馒头揪成一团一团的泡在菜汤里，待其吸足了汤汁，吃起来别有一番风味。

用料

冬瓜	300g
酱油	20ml
姜	5g
海米	10g
香菜	5g
绍酒	20ml
油	20ml

做法

1. 在海米中加入绍酒，加热后使海米充分泡发。

2. 冬瓜削去外皮洗净，切成 3cm 见方的块；姜削去外皮切片；香菜洗净切碎。

3. 锅中放入油，以中火烧至五成热，爆香姜片后，放入冬瓜翻炒片刻。

4. 放入海米和浸泡海米的绍酒，再淋入酱油翻炒均匀。

5. 锅中加入适量水，大火烧沸后转中火，将汤汁收至渐干，最后撒入香菜即可。

小贴士

▲ 海米中含有大量盐分，再加上酱油的调味，所以在烹调时就不用再额外添加盐分了，甚至可以酌情减少酱油的用量。

蒜蓉盖菜

一棵盖菜，蒜头佐之，苦涩减半，鲜香增半，很有吃头

　　盖菜，是芥菜的变种，叶子较一般芥菜大，又有"大芥菜"的称呼。闽南的当地人将其视为长生菜，取其吃苦耐劳之意，所以有大年初一吃盖菜的习俗；而广州人喜欢拿盖菜来煲汤或做煲仔菜；潮汕人则喜欢将它腌制成咸菜，和白粥搭配食用。

　　盖菜，味道略微苦涩又有爽甜，以蒜蓉佐之，蒜香味能够很好地敛去盖菜的苦涩味，并以盐和鸡精简单调味，便能凸显出其鲜嫩爽脆、质嫩无渣的本来口味，吃起来简单有趣，不仅满足了食者的胃口，也愉悦了食者的心情。

用料

盖菜	300g
蒜	5g
盐	1g
鸡粉	1g
油	20ml

做法

1. 将盖菜洗净，盖菜梗斜切成片，以增大切口的横截面，在烹调时更加便于入味；盖菜叶切成大片。
2. 蒜用刀剁成细末。
3. 锅中放入油，以中火烧至五成热，随后放入蒜末爆出香味。
4. 下入盖菜，用大火快速反复翻炒，直至盖菜完全变得塌软。
5. 调入盐和鸡粉，继续翻炒均匀即可。

小贴士

▲ 盖菜的梗又厚又硬，不易熟也不易入味，要耐心炒透炒软才好吃，如果方便，最后出锅前还可调入少许水淀粉，这样会使炒出的盖菜更有味。